理工系学生のための

基礎化学

化学熱力学 編

［著者］
沖本 洋一
小松 隆之

化学同人

はじめに

「理工系学生のための基礎化学」は大学初年次の理工系学生が化学の基礎を学ぶために企画されたシリーズの教科書であり，無機化学，有機化学，量子化学，化学熱力学の各編からなる．原子と分子の性質に基づいた化学物質の構造，反応，性質などに関する基礎的な学修を通して，化学で用いられる理論や考え方を修得することを目的としている．

われわれのまわりには食糧，燃料，医薬品，高分子，電池材料など多種多様な化学物質が存在し，その恩恵を受けて生活している．一方で，持続可能な社会を構築していくために，化学物質の循環や有害物質の軽減は喫緊の課題となっている．化学は「the Central Science」とも呼ばれ，科学のさまざまな分野と密接な関係があり，相互に連携しながら発展してきた．したがって，より有用な化学物質を発見したり，化学物質に関する諸課題を解決したりするために，化学の役割は非常に重要である．理工系および関連の幅広い分野を専攻する学生が，化学の基礎を修得し，化学物質に関わるあらゆる問題に取り組むことは，社会における重要な使命の一つである．

科学技術の発展にともない，化学者は数多くの化学物質を作り出してきた．論文や特許に報告されている化合物は2億を超え，これらの性質を個別に把握するのはもはや不可能である．幸いにも，化学物質の結合を正しく理解し，構造や性質を決める理論や法則を学んでいくと，体系化された化学の全体像が見えてくるはずである．その段階に到達するためには，単に個別の事項を「覚える」のではなく，基礎に基づいてなぜそうなるのかを「考える」習慣を身につける必要がある．また，物質の理解を深めるためには，新しい概念を導入する必要がある．その一つが量子化学に基づく電子状態や結合の理解であり，これに慣れてくれば化学物質の見方が変わるはずである．このように，本書が高校から大学への化学の橋渡しになることを期待している．

本書「化学熱力学編」は大学初年度の学生が学ぶべき熱力学分野の基礎をまとめたものである．第1章で本書の目的を述べた後，第2章と第3章で熱力学第一法則とエンタルピー，第4章と第5章で熱力学第二法則とエントロピーについて説明する．特に後者のエントロピーは，物理，化学のあらゆる分野で登場する重要な量であるのでその計算法に習熟してほしい．第6章ではこれらエンタルピーとエントロピーを化学に適用するためにギブズエネルギーという量を新たに定義し，そしてそれが小学校以来学んできたこの世の化学現象をどのように説明するのかを見ていこう．最後に，よく熱力学と相補的に議論される「反応速度論」について付録として重要項目をまとめてあるので適宜参照してほしい．

熱力学は難しい学問である．おそらくこのシリーズの他の分野（無機化学，有機化学，量子化学）に比べても読者は難しいと感じると思うが，ここで理解の助けになると思われる二つのポイントを挙げておこう．一つ目は演習問題を解くことである．熱力学は本を読んでフンフンとうなずくだけでは決して理解できない．しっかりとペンを動かして問題を解く態度が不可欠である．二つ目は，この熱力学が何を説明できる（できた）のか？　というゴール意識をもって学習することである．この勉強が何の役に立ったのかをはっきり口に出して言えるようになったとき，熱力学で学んだことは読者の今後の人生を支える力となるはずである．

本シリーズの刊行にあたり，東京科学大学理学院化学系の多くの先生方に原稿執筆や査読で貴重な時間をおとりいただいたこと，ご協力やご助言をいただいたことに感謝する．また，化学同人編集部の佐久間純子氏に大変お世話になった．ここに深く感謝の意を表したい．

2024 年 10 月

著者一同

目　次

第1章 熱力学への準備

Introduction

熱力学は，考えている体系がどんな分子によって構成されているのかを考えずに，圧力，体積，温度などの巨視的な量を用いて体系をとらえ，熱力学の法則（第一法則や第二法則など）を出発点として系の熱現象を理解する学問である．堅固な熱力学の法則に裏打ちされる理論展開は，ミクロなモデルに依存しない多くの熱現象を説明する．本章では，高等学校までに学んだ知識を整理しつつ，次章以降で行う熱力学展開の準備を行う．

1-1 熱力学を学ぶ目的

読者は高等学校までに，主として理想気体を対象として，その熱的な性質はどのように記述されるのかについて学んできたと思う．具体的には，気体の示す体積 V，圧力 P，温度 T，物質量 n などの量に注目し，それらの間の関係について議論してきた．おそらく読者にとって最もなじみのある関係式は，**理想気体の状態方程式**

$$PV = nRT \tag{1.1}$$

であろう．R は気体定数と呼ばれる定数であり，またこれから導かれるボイル・シャルルの法則などもよく知られている．これにより，V，P，T，n のうち三つがわかれば残りの一つを予言できるということで極めて有用な知見であるといえる．

もう一つ，高等学校で物理を学んだ読者は，**熱力学第一法則**

$$\Delta U = Q - W \tag{1.2}$$

を覚えている者もいるだろう．これは，熱（Q）という量と仕事（W）という異なる量どうしを足したり引いたりできること，そしてその収支が内部エネルギーという普遍的な量となって定義されることを表している[*1]．

さてここで読者に提起したい問題は，このような熱力学の勉強で得られるものは何なのだろうか？　そして何のために熱力学を学ぶのであろう

*1　この他に，高等学校の熱力学では気体の内部エネルギーは $U=\frac{3}{2}nRT$ であることを習った．しかしこれは単原子理想気体の分子運動論から得た結論で，「強力な」結論である代わりに単原子分子理想気体でしか成立しない．

か？ ということである．実際，少なくとも温度というものが関わる分野ならば，熱力学の知見は欠かせないものであり，もし大学の先生をつかまえてその理由を聞けば，三者三様の（おそらく興味ある）答えを聞くことができよう．ここでは，大学初年度の学生が理解しなくてはならない三つの熱力学の問題を掲げたい．

① ヘスの法則はなぜ成り立つのか

高校の化学の教科書によると，物質が変化するときの反応熱の大きさは反応前と反応後の状態だけで決まり，途中の経路にはよらない（**ヘスの法則**）．これは，化学反応の反応熱の大きさを実際に実験せずに知ることができるという驚くべき知見である．しかしこれはなぜ成り立つのだろうか？

② 蒸気圧とは何か？

密閉された容器に液体とその蒸気のみが共存しているとき，その蒸気の圧力（**蒸気圧**）は温度のみの関数（！）であることを習ったであろう．それはなぜなのか？ また蒸気圧の大きさを具体的に知るにはどうしたらいいだろうか？

③ 平衡定数とは何か？

例えばアンモニアの平衡反応$\frac{1}{2}\mathrm{N_2(g)}+\frac{3}{2}\mathrm{H_2(g)}=\mathrm{NH_3(g)}$ を考えてみよう．高等学校では，各気体成分の分圧を用いて，次式で定義される**圧平衡定数**と呼ばれる量を計算した．

$$K_P=\frac{[P_{\mathrm{NH_3}}/P_0]^1}{[P_{\mathrm{N_2}}/P_0]^{1/2}[P_{\mathrm{H_2}}/P_0]^{3/2}} \tag{1.3}$$

この定数の重要な点は，圧平衡定数は温度のみの関数であることである．ではそれはなぜなのだろうか？ さらに，式（1.3）の右辺で見られるような濃度を反応式の係数でべき乗するような形が化学ではよく出てくるが，一体それは何なのか？ そして（これが一番重要だが）そもそも化学平衡定数とは何の役に立つのだろうか？

以上がこのテキストが読者に課する問題である．これらはすべて高校の化学の授業では丸暗記するしかなかったものであるが，それはやむをえないことであろう．なぜなら，これらの知見は**熱力学をきちんと学ばない限り理解できず，高等学校で学ぶ熱力学の知識だけでは説明できないから**である．逆のいい方をすれば，①～③が成り立つ理由がはっきりといえたなら，（少なくとも熱化学に関する限り）大学生になったといって差し支えないであろう[*2]．

*2 もちろんこれ以外にも熱力学が有用な理由はたくさんある．それを一つでも二つでも見つけてもらえれば望外の喜びである．

1-2 熱力学の体系

本書で扱う体系について説明する．対象とする物質を**系**または**体系**と呼び，それ以外の部分を外界と呼ぶ．ここで，熱力学が対象とする系は気体の場合が多いが，実は液体や固体においても適用できる普遍的なものである[*3]．系と外界の間には原子・分子などの物質やエネルギーなどの移動があるが，外界との間にそれらのやり取りがない系を**孤立系**という．孤立系を長時間放置しておくと，最終的には巨視的に見て見かけ上変化がない状態に達する．この状態を熱平衡状態あるいは単に**平衡状態**と呼ぶ．平衡状態においては，系の体積，温度，圧力などの量は定まった一定値を取る．

＊3 高校で考える対象は，気体の中でもさらに特殊な「理想気体」であった．

1-3 状態量

系の平衡状態において，ある定まった値を取る巨視的な熱力学量を**状態量**という．状態量には，よく知られた温度，圧力，体積などのほかに，次章以降で定義される内部エネルギー，エンタルピーやエントロピーなどがある．

ある状態量を記述するのに用いる状態量を，**状態変数**と呼ぶ．すべての状態量は，物質量 n に加えて二つの**状態変数**が確定すれば一意に記述される．ある状態量を Z とすると，Z は例えば温度 T，体積 V，物質量 n が定まれば一意に定まる．これを

$$Z=Z(T, V, n) \tag{1.4}$$

と表す．もし n が一定であるならそれを省略し

$$Z=Z(T, V) \tag{1.5}$$

と書く．本書では当面の間，物質量の変化がない系を考え，すべての状態量は二つの状態変数で記述されるものとする．

1-4 状態方程式

平衡状態にある系では，温度，圧力，体積の間にはある一定の関係式（**状態方程式**）が成り立つ．高等学校で習った理想気体の状態方程式（1.1）はその一つである．これから，一定量の気体の体積は圧力一定の条件で温度に比例することがわかる（**シャルルの法則**）．シャルルの法則によれば，圧力を一定にして理想気体の体積を測れば温度が測れることになる．これを理想気体温度計という．1 気圧の下での水の沸点を 100℃，凝固点を 0℃ とするように決めた単位の温度を**セルシウス温度**と呼ぶ．

理想気体では，温度が十分低くなれば体積はゼロになる．実験的には，十分に圧力を低くした条件下で，一定量の気体の体積と温度の関係を測定していくと，系の体積は十分低温でゼロに近づく．この気体の体積がゼロ

になる温度を零とする単位の温度もあり，これを**絶対温度**と呼ぶ．単位はK（ケルビン）で表す．絶対温度 T(K) と，日常でよく用いられるセルシウス温度 t(℃) との間には $T=t+273.15$ の関係がある．

ヨハネス・ファン・デル・ワールス
1837年〜1923年

理想気体ではなく現実の気体（**実在気体**）の挙動を記述するために，ファン・デル・ワールスは，以下に示す形の状態方程式を提案した．

$$\left[P+a\left(\frac{n}{V}\right)^2\right](V-nb)=nRT \tag{1.6}$$

ここで，a は分子間にはたらく引力を表すパラメータである．圧力は単位面積あたりに容器の壁に衝突する分子から受ける力である．壁のごく近くにいる分子を考えると，自分の隣（壁と反対側）にいる分子から引力を受けるため，壁に衝突したときに与える力は周りの分子の濃度 $\frac{n}{V}$ に比例して弱まる．さらに，単位時間に壁に衝突する分子の数も $\frac{n}{V}$ に比例するため，これら二つの効果を合わせると，圧力は理想気体の場合に比べて $\frac{n}{V}$ の2乗に比例して減少すると考えられる．これに対し定数 b は分子の大きさを反映している．実在気体では分子は大きさを持つので，気体分子が実際に存在できる体積は $V-nb$ となる．以上のことから，実在気体の状態方程式は，理想気体の状態方程式より（1.6）で表される方程式（**ファンデルワールス方程式**）でうまく表現できることが期待できる[*4]．

＊4　これらの議論は非常に素朴なものに見えるかもしれないが，式（1.6）は単に実在気体の状態方程式をうまく表現しただけではなく，低温・高圧で気体が液化するという事実をうまく説明することができた．このことは，当時よくわからなかった気体の液化という現象が，気体分子が有限の大きさを持つために起きるということを初めて人類に示したものであり，この業績によってファン・デル・ワールスはノーベル物理学賞を受賞した．

1-5　示量性と示強性

状態量のうち，その値が系の分量に比例するものを**示量性状態量**，系の分量によらないものを**示強性状態量**という．気体の体積，物質量，後で説明する内部エネルギー，エントロピーなどは示量性状態量であり，温度，圧力などは示強性状態量である．2 mol の気体を 1 mol ずつの二つの部分に分けたとき，示強性状態量である温度と圧力はどちらも最初と変わらないが，示量性状態量の体積や物質量は半分になる．

例題 1.1　以下の量は示強性か示量性かを述べよ．

①　体積と圧力の積（PV）

②　粒子数密度（n/V）

≪解答≫　その言葉の定義から，①は示量性，②は示強性となる．熱力学ではいくつかの状態変数の積や和によって新しい熱力学量を定義するので，そのたびに示量性になるか示強性になるかを考えていこう．

1-6　多変数関数の解析

以上で述べたように，熱力学で登場する状態量はすべて複数の変数で記述される．そのために多変数関数の解析法の知識は不可欠であるが，特に大学初年度の学生はその取り扱いに慣れていないと思われる．そこで，今後の議論の展開のために必要な数学について簡単に述べる．

(1) 線積分

いまある熱力学量 Z（状態量とは限らない）があるとする．図 1.1 に示すように，いま体系が平衡状態 $A(X_A, Y_A)$ から別の平衡状態 $B(X_B, Y_B)$ へ変化するとき，Z の値の変化がどうなるか考える．状態 A から B まで系が変化する経路 C とし，それを N 個の微小経路 δC_1，δC_2，……に分割する[*5]．i 番目の微小経路 δC_i において Z の変化量を δZ_i とすると，系が A から B に変化するときの Z のトータルの変化量は

$$\sum_{i=1}^{N} \delta Z_i \tag{1.7}$$

となり，経路にそった微小変化量の和で表される．分割を無限に小さくした極限での Z の変化の総量は積分記号を用いて

$$\lim_{N\to\infty} \sum_{i=1}^{N} \delta Z_i = \int_c \mathrm{d}Z \tag{1.8}$$

と表される．これを Z の C に沿った**線積分**と呼ぶ．これにより，状態 B における Z の値は

$$Z(\mathrm{B}) = Z(\mathrm{A}) + \int_c \mathrm{d}Z \tag{1.9}$$

となり，$Z(\mathrm{B})$ の値を状態 A における Z の値 $Z(\mathrm{A})$ を基準として表すことができる．

線積分の値はもちろん経路 C の形に依存するが，もし何かの根拠[*6]により，線積分の値が C によらないことが証明されたなら，Z は始点 A の座標と終点 B の座標のみによって決定される，すなわち状態量になることがわかるだろう．本テキストでは，この表式を用いて二つの重要な熱力

*5　この分割を無限に小さくした極限では，δC_i の総和が経路 C に一致する．

*6　この「何かの根拠」が物理学にとってはしばしば重要な法則になる．

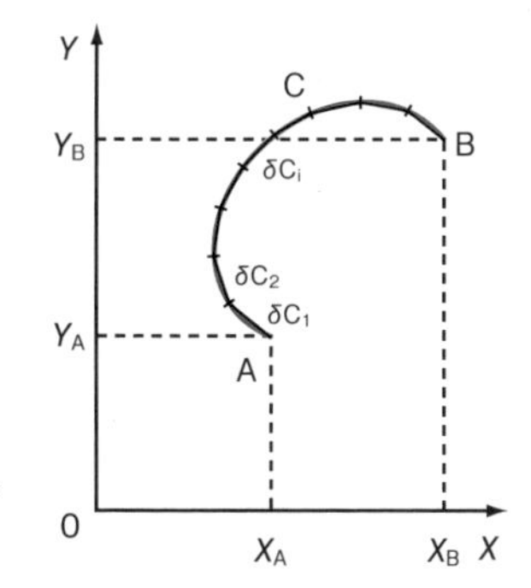

図 1.1　状態 A から状態 B を結ぶ経路 C と，C の微小経路 δC_i への分割

学量（内部エネルギーとエントロピー）を定義する．

例題 1.2 ある二次元平面内に異なる二点AとBがある．AとBを結ぶ任意の曲線Cがあり，このCをN個の微小領域に分割し，おのおのの長さをδs_1，δs_2，……する．このとき

$$\int_c \mathrm{d}s = \lim_{N\to\infty} \sum_{i=1}^{N} \delta s_i$$

の値はいくらになるか．

≪解答≫ これはその和と極限操作の意味を考えて曲線Cの長さに他ならない．線積分を理解するためには，式（1.8）のようにCを微小区間に分割しその和をとって極限をとる，という定義に戻った思考の動きが不可欠である．

ここで，系が状態Aから出発して，ある閉じた経路Cに沿って再び元の状態Aに戻る場合（サイクル）を考える．このようなサイクルにおけるZの変化の総量は，積分記号中に○を付けて$\oint_C \mathrm{d}Z$と表される（積分記号にある○は積分経路が閉曲線であることを表す）．サイクルでは，始点と終点が一致するので，図1.1においてA=Bの場合に相当する．よって，Xが状態量のときは式（1.9）よりただちに$\oint_C \mathrm{d}Z=0$となる．

例題 1.3 逆に任意の閉じた経路Cに対して$\oint_C \mathrm{d}Z=0$ならば，Zは状態量であることを示せ．

≪解答≫ 図1.2のように，状態AとBを通過する任意のサイクル経路Cを，Aを始点，Bを終点とする二つの経路C_1とC_2に分離する．このとき，

$$\oint_C \mathrm{d}Z = \int_{C1} \mathrm{d}Z + \int_{C2} \mathrm{d}Z$$

と二つの線積分に分割できる．右辺第2項で，線積分の方向を反対にし，その経路をC_2'と表現すると[*7]

$$\int_{C1} \mathrm{d}Z + \int_{C2} \mathrm{d}Z = \int_{C1} \mathrm{d}Z - \int_{C2'} \mathrm{d}Z = 0 \quad (\because \oint_C \mathrm{d}Z = 0)$$

$$\therefore \int_{C1} \mathrm{d}Z = \int_{C2'} \mathrm{d}Z$$

となる．AからスタートしてBにたどり着く経路C_1とC_2'の選び方は任意なので，線積分$\int_C \mathrm{d}Z$の値が経路Cに依存しないことが示された．

＊7 線積分の定義〔式（1.8）〕により，積分経路の方向を逆にすると全体の符号が反転する．

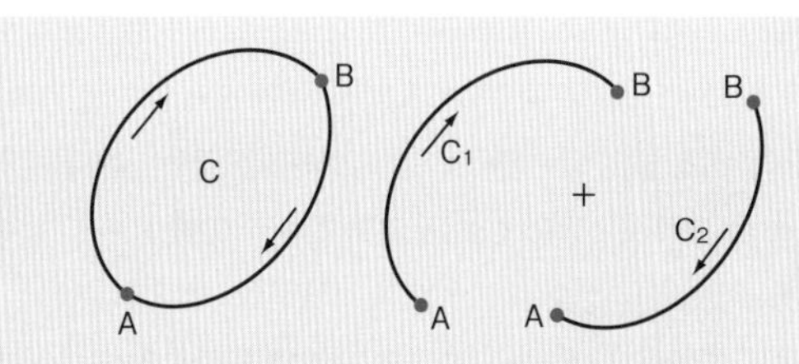

図 1.2　閉じた経路 C の，二つの経路 C_1 と C_2 への分割

例題 1.4　ある 3 次元空間内に異なる 2 点 A と B と，それらを結ぶ曲線 C がある．A 点を基準とした B 点における静電ポテンシャル $\phi(\mathrm{B})$ を

$$\phi(\mathrm{B})=\phi(\mathrm{A})-\int_C \boldsymbol{E}\cdot\boldsymbol{t}\mathrm{d}s$$

で定義する．$\boldsymbol{E}$ は電場，$\boldsymbol{t}$ は経路 C の位置 $\boldsymbol{r}$ における単位接線ベクトルである．このとき，このように定義された静電ポテンシャルは A から B への経路 C によるだろうか？

≪解答≫　静電場の基本性質として，任意の閉経路に対して $\oint \boldsymbol{E}\cdot\boldsymbol{t}\mathrm{d}s=0$ であることが証明できる（証明は電磁気学の本を参照）．したがって上式の線積分の値は途中の経路の形によらず，このように定義された静電ポテンシャルは状態量であることがわかる．

(2) 偏微分と全微分

Z が状態量であるとき，その定義により Z はある二つの変数 X，Y の関数として

$$Z=Z(X, Y)$$

と書ける．ここで，二つの変数のうち Y を定数と見て，高等学校で習った 1 変数の場合と同じように X について微分することを，Z の X による偏微分と呼び，$\left(\dfrac{\partial Z}{\partial X}\right)_Y$ と書く[*8]．（Z の Y による偏微分も同様に定義される）．ここで，この偏微分を用いて Z の全微分[*9] $\mathrm{d}Z$ は以下のように表される．

$$\mathrm{d}Z=\left(\frac{\partial Z}{\partial X}\right)_Y \mathrm{d}X+\left(\frac{\partial Z}{\partial Y}\right)_X \mathrm{d}Y \tag{1.10}$$

$\mathrm{d}X$，$\mathrm{d}Y$，$\mathrm{d}Z$ は各状態変数の微小変化量を表し，将来的にはすべてゼロへの極限をとることを目標にしている．多変数関数の微分では，各変数をゼロにもっていく極限操作の順番がまだ決まっていないので，このように微小量を残した表現を取る．

＊8　単に $\dfrac{\partial Z}{\partial X}$ と書くことも多いが，熱力学では定数と考える状態量を常に認識することが重要なので，定数と見なす変数をかっこの右下にはっきり書くことが多い．

＊9　単に微分ともいう．

Column 高等学校の熱力学

大学入試で熱力学の問題を解くときに，まず何を頭に思い浮かべたであろうか？ 基本となる式は熱力学第一の法則，理想気体の状態方程式（$PV=nRT$），そして内部エネルギーの表式（$U=\frac{3}{2}nRT$）の三つであり，これらを問題の体系にうまくあてはめて計算すると答えが得られた．しかし，$PV=nRT$ は理想気体でしか扱えないし，また $U=\frac{3}{2}nRT$ の導出に至っては，理想気体であるということ以外にも多くの仮定（すなわち単原子分子理想気体）があったはずである．しかし，本書で何度か述べたように，もし単原子分子理想気体以外にも成り立つ普遍的な熱力学の結論を求めるなら，この二つの公式にいつまでも頼っているわけにはいかないだろう．

ここで，ある量 Z の微小変化が，X，Y の微小変化の和として以下のように書けるとする．

$$\mathrm{d}Z=f(X, Y)\,\mathrm{d}X+g(X, Y)\,\mathrm{d}Y \tag{1.11}$$

この情報だけからでは，Z が状態量であるかどうかはわからないが，もし Z が状態量だとわかっているときは

$$\left(\frac{\partial g}{\partial X}\right)_Y=\left(\frac{\partial f}{\partial Y}\right)_X \tag{1.12}$$

が成立する[*10]．

≪証明≫ Z が状態量なので全微分をとって式（1.10）が成立する．$\mathrm{d}X$，$\mathrm{d}Y$ は任意の微小量であるので，これと（1.11）が両立するためには

$$f=\left(\frac{\partial Z}{\partial X}\right)_Y,\quad g=\left(\frac{\partial Z}{\partial Y}\right)_X$$

でなくてはならない．ここで偏微分の順序は交換できるので

$\left[\frac{\partial}{\partial Y}\left(\frac{\partial Z}{\partial X}\right)_Y\right]_X=\left[\frac{\partial}{\partial X}\left(\frac{\partial Z}{\partial Y}\right)_X\right]_Y$ が成り立つことを用いると，ただちに（1.12）式が得られる．

ちなみにこの定理の逆〔式（1.12）が成立するならば，（1.11）で定義される Z は状態量である〕も成立することが知られている[*11]．

*10 式（1.12）は，今後熱力学の展開の上で極めて重要な役割を果たす公式である．

*11 この証明に興味ある読者は，例えば『化学熱力学』原田義也著，（裳華房）などに初等的な証明があるので読んでほしい．

章末問題

［1.1］

（1） ある量 z の微小変化量が $\mathrm{d}z=2xy\mathrm{d}x+x^2\mathrm{d}y$ という関数で表されるとする．いま，O(0, 0)，A(0, 1)，B(1, 1) を結ぶ直角の経路を C_1，直線 OB を C_2 とするとき，それらの経路に沿った z の線積分を求めよ．

（2） x, y の関数 $z=z(x, y)$ がある．$z=x^2y$ であるとき，z の全微分を求めよ．この結果を用いて上の問題（1）を解け．

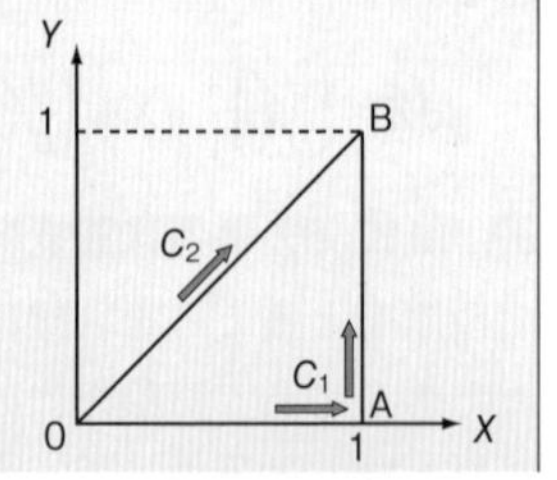

[1.2] ある山のふもと（地点 A とする）から山頂（地点 B とする）へ登るルート C を考える．このとき，以下の量 Z が A から B までにどれくらい変化するかを調べた．Z が状態量になるものはどれだろうか．

① 歩いた距離
② 気温
③ 道に落ちているたばこの吸い殻の数
④ 海抜

[1.3] 以下の閉曲線 C に沿った線積分を計算せよ．

① $\oint_C 1 \cdot \mathrm{d}s = \oint_C \mathrm{d}s$ C：半径 1 の円（$x^2+y^2=1$）
② $\oint_C 1 \cdot \mathrm{d}s$ C：アステロイド $x^{2/3}+y^{2/3}=1$
③ $\oint_C 2xy\mathrm{d}x + x^2\mathrm{d}y$ C：半径 R の円

第2章 熱力学第一法則

Introduction

熱力学第一法則とは，熱力学におけるエネルギー保存則に相当する．この法則はさまざまな実験から経験的に与えられた法則であり，何らかの事実から証明されるものではない．この法則の使い方の一部はすでに高等学校で学んだかもしれないが，そうでない読者は注意深く読んでその使い方に慣れていってほしい．

2-1 仕 事

力学では，物体に力 F を作用させて距離 $\mathrm{d}x$ だけ動かしたとき，外界は $F\times\mathrm{d}x$ だけの仕事を物体にすると考えた．また逆の見方をすれば，物体は同じ量だけの仕事をされたと見なすこともできる．この力学の考えに基づき，気体の体積変化にともなって発生する仕事について考えよう．図2.1に示すように，圧力 P の下でピストンのついた容器内に同じく圧力 P の気体を入れ平衡状態に達した後に，ピストンが $\mathrm{d}x$ だけ移動して気体が膨張したとする．圧力とは単位面積あたりに加えられる力であるので，ピストンに加えられた力はピストンの断面積を S とすると PS である．したがって，気体が外界にした仕事 $\mathrm{d}w$ は

圧力P
ピストン
$\mathrm{d}x$
圧力Pの気体

図2.1 ピストンを用いた気体の膨張に関する実験

$$\mathrm{d}w=F\mathrm{d}x=PS\mathrm{d}x \tag{2. 1}$$

となる[*1]．$S\mathrm{d}x$ は気体の体積 V の増加量 $\mathrm{d}V$ に等しいので

$$\mathrm{d}w=P\mathrm{d}V \tag{2. 2}$$

となることがわかる．

*1 気体の圧力 P は，微小変化の間で $P\sim P+\mathrm{d}P$ の間で変化するが，高次の微小量（$\mathrm{d}P\times\mathrm{d}x$ のオーダー）を無視することにより，式(2.1)が得られる．

2-2 準静変化

実は気体を膨張または圧縮させている途中の状態では，系は平衡状態にないので系の状態量，例えば気体の圧力などは定義できない．しかし，系

の状態をゆっくりと変化させて，系がその変化の過程のいかなるときも平衡状態にあるような変化を考えることができる．このような極限的な変化を**準静変化**と呼ぶ．

例題 2.1　n mol の理想気体が図 2.2 に示されるように，状態 A（圧力 P_1，体積 V_1）から状態 B（圧力 P_2，体積 V_2）に温度を一定に保ちながら準静変化した．このときの温度を T とするとき，気体が外界にする仕事はいくらか．

≪解答≫　すると気体が外界にする仕事 w は，式（2.2）を始点から終点まで積分してやればよい．理想気体の状態方程式 $P=nRT/V$ を用いると

$$w=\int_{V_1}^{V_2} P\mathrm{d}V=\int_{V_1}^{V_2} \frac{nRT}{V} \tag{2.3}$$

温度一定の条件であるから温度は積分の外に出せるので，この積分は実行できる．結局気体が外界にした仕事は　$nRT\ln\dfrac{V_2}{V_1}$　である．

例題 2.2　上の例題で，「変化が準静変化である」という条件はどこで用いたか．

≪解答≫　式（2.3）の積分を実行する際に，積分経路の各点で温度や圧力が定義されていなければならない．すなわち，被積分関数 $\mathrm{d}w$ が経路の各点で $P\mathrm{d}V$ と書くことができるためには，この変化が準静変化であることが必要である[*2]．

＊2　経路 C が $P-V$ 平面上に線として書かれている場合は，その線上では圧力と体積が定義されていることになる．よって，系が経路 C に沿って変化したといったとき，その変化は必然的に準静変化になる．

図 2.2 に一定温度における理想気体の圧力と体積の関係図を示す．気体が外界にした仕事は，**例題 2.1** の結果からちょうど赤色で塗られた部分の面積に相当することがわかる．

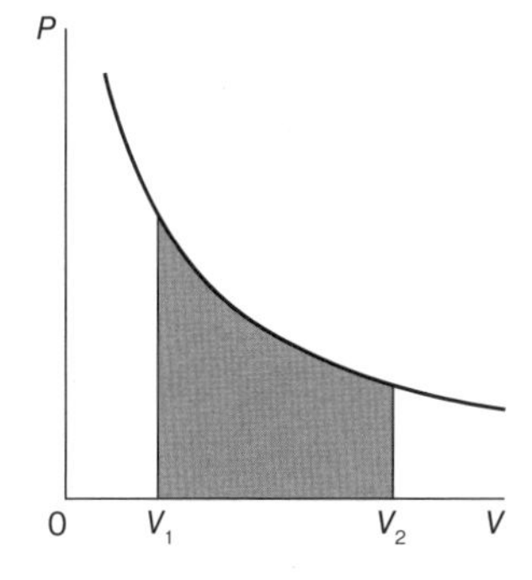

図 2.2　定温における理想気体の圧力と体積の関係図

2-3　熱と仕事の等価性

有限の高さからボールを床に落とすと，数回バウンドした後に最終的にはボールは静止してしまう．これを力学の言葉でいうとどうなるだろうか．手でボールを持ち上げて仕事をすることにより，ボールの位置エネルギーが増大した．その後で手を離すと，ボールと床は非弾性衝突を繰り返し，最初にボールが持っていた位置エネルギーはすべて床への熱となって消費されることになる．この事実は，仕事が熱に変換されたことを示している．

ジュールは，この力学的な仕事がどのように熱に変換されるのかを，羽根車とおもりを用いた実験により定量的に調べた．図 2.3 はその実験装置

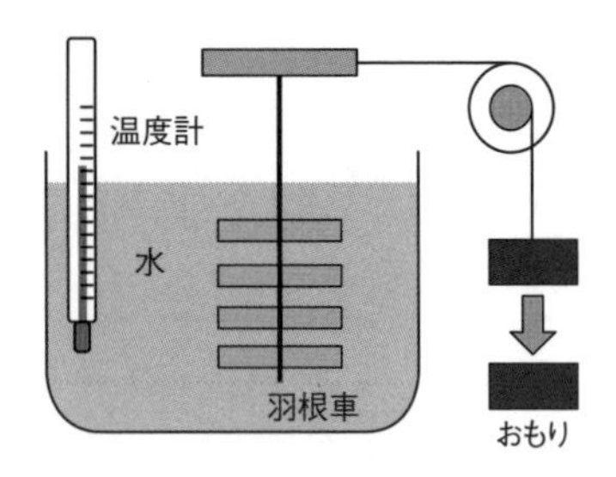

図 2.3　羽根車とおもりを用いた実験

であり，そこでは水の入った容器中に羽根車がセットされ，羽根車はリールを介して，糸で外にあるおもりとつながっている．おもりは実験開始と同時に下方に落下していき，水中の羽根車を回転させる．その結果，水槽内の水がかくはんされ，水の温度が上昇する．実験の結果，現在よく知られている「1 g の水を 1 度上昇させるのに必要な仕事量はおよそ 4.18 J」に非常に近い値を得た[*3]．この実験は，おもりが最初持っていた位置エネルギーが，羽根車の回転のエネルギーに変わった後，最終的に熱に変換されたことを示している．

＊3　これを熱の仕事当量と呼ぶ．

例題 2.3　M (g) の水の中に R (Ω) の電熱線を沈め，I (A) の電流を t (秒) 流した．水温はいくら上昇するか．また，これは何がした仕事が熱に変換されたのか．

≪解答≫　トータルで発熱する熱量は $Q=I^2R\times t$(J) である．1 g の水を 1 度上昇させるのに必要な熱量は 4.18(J/K) なので，この実験の結果，$I^2R\,t/4.18/M=0.24\,I^2R\,t/M$ (K) 上昇したことになる[*4]．これは，この実験に用いた電圧源（電池）が電熱線に電流を流すためにした仕事が熱に変換されたことを表している．

＊4　オームの法則 $V=IR$ を用いると，1 g の水が上昇した温度は $0.24\,IVt$ と書くこともできる．これは中学校で習う公式である．

2-4　熱力学第一法則

仕事と熱について学んできたので，これらの系に出入りする仕事と熱の関係を表す熱力学第一法則を以下に示す．

熱力学第一法則

系がある平衡状態から別の平衡状態に変化するときに，外界から吸収する熱量と外界にする仕事量の差は，変化の前後の系の状態のみに依存し，途中の変化の仕方に依存しない．

ある状態 A から状態 B へ系を変化させるとする．ある経路 C を選び，それに沿って系が変化するとき，系が吸収するトータルの熱量 q と，外界にする仕事 w を求めよう．例によって経路 C を図 1.2 に示すように微小区間に分割し，微小区間における熱量と仕事の微小変化 dq と dw を経路にそって線積分する．経路 C において系が吸収するトータルの熱量 q と系がする仕事 w は

$$q=\int_C \mathrm{d}q \tag{2.4}$$

$$w=\int_C \mathrm{d}w \tag{2.5}$$

と表され，これらを辺々引き算すると

$$q-w=\int_C \mathrm{d}q-\int_C \mathrm{d}w=\int_C \mathrm{d}q-\mathrm{d}w \tag{2.6}$$

となる．ここで

$$\mathrm{d}U=\mathrm{d}q-\mathrm{d}w \tag{2.7}$$

という量を定義すると，

$$q-w=\int_C \mathrm{d}U \tag{2.8}$$

となる．一方，熱力学第一法則から $\int_C \mathrm{d}U$ は経路 C の形によらない．このことから，状態 B における U の値 $U(\mathrm{B})$ を，状態 A の値 $U(\mathrm{A})$ を基準として以下のように線積分で一意に決定できる[*5]．

$$U(\mathrm{B})=U(\mathrm{A})+\int_{\mathrm{A}\to\mathrm{B}} \mathrm{d}U \tag{2.9}$$

＊5　右辺第二項の線積分は C の形状によらないので，積分記号から C を外してある．

この状態量 U のことを**内部エネルギー**と呼ぶ．$\Delta U=U(\mathrm{A})-U(\mathrm{B})$ と書くと

$$\Delta U=q-w \tag{2.10}$$

となる．式（2.10）は系が外界から熱 q を吸収し，外界に仕事 w をするときの系の内部エネルギー変化量を示したもので，熱力学第一法則を式で表現したものである．系の変化の前後で内部エネルギーの変化量は一定であるが，熱や仕事というエネルギーの授受の形態は途中の変化経路に依存することを表している．

続いて，系がある状態から出発して再びもとの状態に戻るような変化（サイクル）を考える．内部エネルギーは状態量であるので，サイクル前後の内部エネルギー変化は $\Delta U=0$ となる．一方，式（2.10）から $\Delta U=q-w$ であるので，

$$w=q \tag{2.11}$$

となる．この式は，サイクルにおいて系が外界にした仕事（w）は系が外界から吸収した熱（q）に等しいことを示している．このことから，外部から供給された熱エネルギー以上の仕事をするような装置（**第一種の永久機関**）は存在しないことがわかる．

2-5　ジュールの法則

理想気体の内部エネルギーの温度依存性について考える．図 2.4 に，ジュール（J. P. Joule）の行った気体に関する実験の装置の概念図を示す．コックの付いた熱伝導性のよいアレイ型の容器の左側に気体を入れ，右側

ジェームズ・ジュール
1818 年～1889 年

Column　エネルギー：差だけが意味を持つ量

物理や化学においては，値自体に意味がなく，基準点からの差だけが意味がある量（エネルギーまたはポテンシャル）が重要な役割を果たす．本章で定義した内部エネルギーはその典型例である．学生時代に予備校の先生が「エネルギーは差だけが意味を持つ！」と力説していたのを思いだす．

これまでにいろいろなエネルギーを習ってきたと思うが，常に基準点はどこにあるのかを考えることが重要である．しかし，なかには基準点が明らかなので，それを明示しないものがある．以下のエネルギーの基準点はどこだろうか．

①質量 m の質点の運動エネルギー
②質量 m の質点の万有引力エネルギー
③ばね定数 k のバネの弾性エネルギー
④原子の第一イオン化エネルギー
⑤分子の結合エネルギー

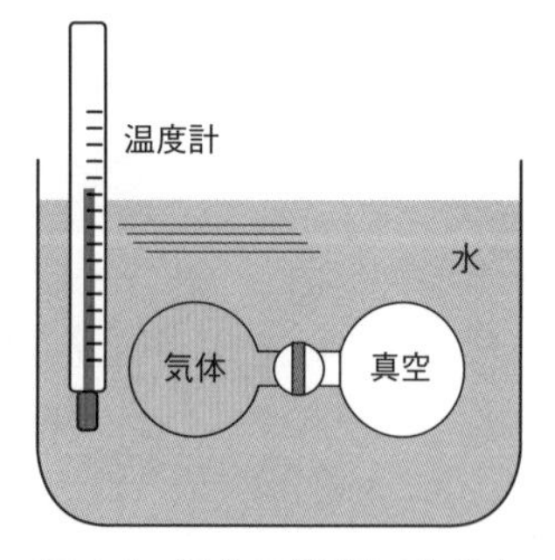

図 2.4　気体の膨張による水温の変化を調べたジュールの実験

は真空に保ったまま，水を浸した断熱容器（水槽）の中に沈める．続いて水中でコックを開いたところ，左側の気体は右側の真空槽に向かって拡散し，最終的に左右の気体の圧力と温度は同じになって平衡状態に達した．水槽の温度を測ってみると，この一連の操作の前後で温度の変化は観測されなかった．これは気体の拡散の過程で，容器中の気体は熱を吸収も放出もしていないことを意味する（$q=0$）[*6]．また気体は容器の左側から右側へ自由膨張しており，圧力に逆らって体積変化したのではないので，外界に対し仕事をしてもされてもいない（$w=0$）．したがって，熱力学第一法則からコックの開閉前後で容器内の気体の内部エネルギーの変化はない．このことからジュールは，理想気体の内部エネルギーの体積依存性はないと結論した．

一般に熱力学量は二つの状態変数を指定することで決まるので，内部エネルギーを気体の体積 V と温度 T の関数として表現すると $U=U(T, V)$ となるが，上のジュールの実験によると，理想気体の内部エネルギーは温度のみに依存して体積に依存しない．つまり理想気体では

$$U=U(T) \tag{2.12}$$

となる．この「理想気体の内部エネルギーは温度のみの関数である」という法則を**ジュールの法則**と呼ぶ[*7]．

＊6　拡散の前後で気体の温度も変わっていないことに注意しよう．

＊7　理想気体では分子間の相互作用を考慮しないので，内部エネルギーは分子の数つまり mol 数と系の温度のみに依存して，分子の距離に影響を及ぼす圧力，体積には依存しない．

例題 2.4　理想気体の性質をまとめよ．高等学校で習った「1 mol の理想気体の内部エネルギーが $3/2RT$ となる」という文言は君の解答にとってどういう意味を持つか．

≪解答≫　理想気体の性質は以下の二つである．

①理想気体の状態方程式に従う．
②ジュールの法則（2.12）が成り立ち，内部エネルギーは温度のみの関数である．
この二つは気体の実験から蓄積された「理想気体の性質」であり，このテキストでは既知の知見として用いる．高等学校で習った「理想気体の内部エネルギーが$3/2RT$となる」のは②のさらに特別なケース(ボールのような単原子分子理想気体)でのみ成り立つ法則であり，このテキストで使うことはない．

章末問題

［**2.1**］ n mol の理想気体が図 2.2 に示されるように，状態 A（圧力 P_1，体積 V_1）から状態 B（圧力 P_2，体積 V_2）に準静変化した．状態 A と B の温度はともに等しく T である．その変化の経路が以下のものであったとき，気体が外界から吸収する熱量を T，V_1，V_2を用いて表せ．
経路 1：［**例題 2.1**］で計算した等温線（温度 T 一定）に沿った経路
経路 2：体積 V_1で一定の条件で圧力を P_1から P_2まで変化させ，続いて圧力 P_2一定の条件で，体積を V_1から V_2まで変化させる経路
経路 3：圧力 P_1で一定の条件で体積を V_1から V_2まで変化させ，続いて体積 V_2一定の条件で，体積を P_1から P_2まで変化させる経路

［**2.2**］ ファンデルワールスの状態方程式に従う 1 mol の気体を温度 T 一定の条件で準静的に体積 V_1から V_2まで変化させたときに，気体が外界にした仕事を求めよ．

［**2.3**］ 第 6 章の章末問題［6.1］で学ぶエネルギーの方程式$\left(\frac{\partial U}{\partial V}\right)_T=T\left(\frac{\partial P}{\partial T}\right)_V-P$を用いて，理想気体においては$\left(\frac{\partial U}{\partial V}\right)_T=0$が成立することを示せ．またファンデルワールス気体ではどうなるか．

第3章 エンタルピー

Introduction

前章で内部エネルギーについて学んだが，この章ではそれを変形したエンタルピーという量について学ぶ．これは定圧変化における熱に相当する量である．化学反応をはじめとする実際の実験では定圧条件で行うことが多いため，エンタルピーを用いることで化学反応において発生する熱（反応熱や固体から液体への相変化や化学反応における熱の出入りなど）の意味を定量的に理解することができるようになる．

3-1 エンタルピー

まずはじめに，

$$H = U + PV \tag{3.1}$$

で定義される新たな量 H を導入する[*1]．U, P, V はそれぞれ状態量であるので，H が系の状態により一意に決まる状態量であることがわかる．また H が示量性を示すことも**例題 1.1** で議論した．このように定義された新しい状態量 H を**エンタルピー**と呼ぶ．

*1 これからいくつかの状態変数の組み合わせにより，新しい熱力学量を定義していく．定義は覚えるしかないのでしっかり暗記しよう．

エンタルピーの具体的な意味をつかむために，圧力一定の下での変化（**定圧変化**）を考えてみよう．定圧変化で系の体積が ΔV だけ変化したときに系が外界にする仕事は $P\Delta V$ である．さらにこのときの内部エネルギーの変化を ΔU とすると，熱力学第一法則から系が吸収した熱 q_p は

$$q_\mathrm{p} = \Delta U + P\Delta V \tag{3.2}$$

となる．

ここで圧力一定の条件における系のエンタルピー変化を考える．式 (3.1) より

$$\Delta H = \Delta U + \Delta(PV) = \Delta U + P\Delta V \tag{3.3}$$

となる．これを式 (3.2) と比較すると

$$\Delta H = q_p \tag{3.4}$$

となる．すなわち，圧力一定の条件で系に出入りする熱量はエンタルピー変化に等しいことがわかる．

例題 3.1　体積一定の条件（定積変化）で系に出入りする熱量 q_v は内部エネルギーの変化量に等しいことを示せ．
≪解答≫　定積変化では系が外界にする仕事はない．したがって，熱力学第一法則から $\Delta U = q_v$

3-2　反応熱

この節では，エンタルピーの化学反応への応用を考えよう．化学反応では，原子間の結合を一度切って反応を起こし異なる結合を形成するので，原子間の結合エネルギーの違いによって，外界と系の間で熱のやりとりが起こる．化学反応で発生する熱のことを**反応熱**と呼ぶが[*2]，ここまで読んだ読者はこの「熱」という表現が何か頼りないものと感じられるのではないだろうか．

＊2　特に燃焼反応のときの反応熱は燃焼熱と呼ばれる．

具体例でこの反応熱の意味について考えてみよう．1 気圧，25℃の下で，1 mol の理想気体 A と B を反応させ，1 mol の理想気体 C ができる反応

$$\mathrm{A(g)} + B\mathrm{(g)} \longrightarrow \mathrm{C(g)}$$

を考える．この反応は一定体積の容器（熱量計）の中で行われ，かつ完全に進行するとする．このとき発生した熱量 q_v は，**定積反応熱**と呼ばれる．この反応における原系と生成系の内部エネルギーの変化を ΔU とすると**例題 3.1** より $\Delta U = q_v$ となる．

次にこの反応が体積可変の一定圧力の状態（例えば大気圧）の下で行われたとしよう．このとき反応が進行して発生した熱量 q_p は**定圧反応熱**と呼ばれ，反応にともなうエンタルピー変化に等しい．反応終了後の気体 C の状態は，圧力を固定したために体積が半分になっていることに注意する．反応前後のエンタルピー変化 ΔH は

$$\Delta H = \Delta U + \Delta(PV) = q_v + \Delta n \cdot RT \tag{3.5}$$

と表される[*3]．ここで Δn は反応前後での物質量の変化を意味しており，いまの実験では $\Delta n = -1$ mol となる．この式を用いて，定積熱容量を測定することにより反応前後のエンタルピー変化 ΔH は　$q_v - RT$　となることがわかる．

＊3　反応に携わる気体はすべて理想気体を考えているので，状態方程式 $PV = nRT$ を使っている．

例題 3.2 定積反応熱と定圧反応熱が等しくなるような反応はどのような反応か.

≪解答≫ 一つの例は，式(3.5)より $\Delta n=0$ となるような反応である．これは反応の前後でトータルの分子数が変わらない反応であり，例えば $A(g)+B(g) \longrightarrow C(g)+D(g)$ のような反応である.

3-3 熱化学方程式

1 mol のグラファイト（黒鉛）を燃焼させると，1 mol の二酸化炭素が生成し，393.5 kJ の熱が発生することが知られている．この反応を高校生流に式で表現すると

$$C(グラファイト)+O_2(g)=CO_2(g)+393.5\ kJ \tag{3.6}$$

となる．式（3.6）式は高等学校で習った**熱化学方程式**にほかならない．左辺は**反応系**または**原系**，右辺は**生成系**と呼ばれ，＋393.5 kJ は放出された熱量を示す．熱量の符号が＋のときが発熱反応，－のときが吸熱反応に対応していた．また熱化学方程式では，反応に関与する物質の状態を明らかにするため，固体（s），液体（l），気体（g），あるいは結晶の状態などを化学式の後に付けるのが通例である.

この式が意味することは，1 気圧，25℃の 1 mol のグラファイトおよび酸素と，1 気圧，25℃の 1 mol の二酸化炭素の間には，393.5 kJ の熱エネルギー差があることを示している．ところで，これは定積反応熱だろうか，定圧反応熱だろうか？ 実はこれは定圧反応熱であり，化学では，一定の圧力下（大気圧）で行った反応にともなう系のエンタルピー変化を熱化学方程式に記す．すなわち，式（3.6）の熱化学方程式は，同圧・同温の下で生成系は原系に比べて「エンタルピーの大きさが 393.5 kJ 低い」という意味だったのである．今後は（3.6）の熱化学方程式は

$$C(グラファイト)+O_2(g) \longrightarrow CO_2(g)\ ;\ \Delta H=-393.5\ kJ \tag{3.7}$$

と右辺にエンタルピー変化を書き，反応熱のことを反応エンタルピーと呼ぶことにする．その際，発熱反応はマイナスとなることに注意して欲しい[*4].

*4 反応熱の符号は間違いやすいので特に気を付けよう.

例題 3.3 上のグラファイトの燃焼反応において，定積反応熱はいくらになるか.

≪解答≫ 反応の前後における定圧反応熱と定積反応熱の差は $\Delta n \cdot RT$ で与えられるが，固体のグラファイトの体積は反応に関与する気

体の体積に比べて無視できる．よって$\Delta n \cdot RT$は気体の物質量の変化だけから計算されるので$\Delta n \sim 0$となり，定積反応熱は定圧反応熱にほぼ等しいことがわかる．

例題 3.4 298 K でベンゼン 1 mol が一定容積の容器中で完全に燃焼し，下記の反応が起こった．このとき 3200 kJ の熱が発生したとき，反応エンタルピーはいくらになるか．

$$C_6H_6(g) + 15/2O_2(g) = 6CO_2(g) + 3H_2O(l)$$

≪解答≫ この反応では，$\Delta n = 6 - 1 - 7.5 = -2.5$ mol である（液体の体積変化への寄与は小さいとして水の体積は無視していることに注意せよ）．

このとき$\Delta H = q_v - 2.5RT = -3200 \times 10^3 - 2.5 \times 8.31 \times 298 = -3200000 - 6190 = -3206$(kJ)．

エンタルピーは状態量であるので，化学反応にともなうエンタルピー変化に関して，以下の**ヘスの法則**がなりたつ．

ヘスの法則

反応にともなうエンタルピー変化は反応前後の状態により決まり，途中の反応経路によらない．

ヘスの法則を利用すれば，直接測定することが難しいような反応のエンタルピー変化を求めることができる．例えば，グラファイト，および一酸化炭素を完全に燃焼させ，その結果発生する熱量（反応エンタルピー）は比較的容易に測定することができる．それぞれ対応する熱化学方程式は

$$\text{C(グラファイト)} + O_2(g) = CO_2(g)\ ;\ \Delta H = -393.5\ \text{kJ/mol} \tag{3.8}$$

$$CO(g) + \frac{1}{2}O_2(g) = CO_2(g)\ ;\ \Delta H = -283.0\ \text{kJ/mol} \tag{3.9}$$

となる．

しかし，グラファイトが（不完全）燃焼して一酸化炭素ができる反応の反応熱測定は，実験的に困難であると予想される．なぜなら不完全燃焼するとき，同時に完全燃焼が起こることが避けられないからである．しかし，これら二つの式から，グラファイトと酸素から一酸化炭素が生成する反応にともなうエンタルピー変化を求めることができる．図 3.1 はグラファイト，一酸化炭素，二酸化炭素のエンタルピー変化を示すダイアグラムである．まずエンタルピーが高い物質を上に，低い物質を下に書く[*5]．このダイアグラムより直ちにグラファイトの不完全燃焼のエンタルピー変化が

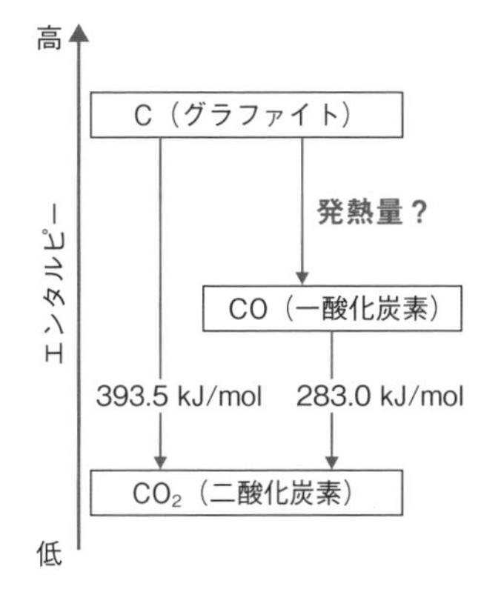

図 3.1 グラファイトの燃焼のダイアグラム

＊5 燃えて熱を出すということは，燃えるものが潜在的にエンタルピーが高いことを意味するので，ダイアグラムの上部に位置することに注意しよう．

$$\Delta H = -393.5 - (-283.0) = -110.5\ \mathrm{kJ/mol} \qquad (3.10)$$

と計算できる．

3-4 標準生成エンタルピー

内部エネルギーの定義では，基準点をどこにおくかの不定性があった．したがってエンタルピーの絶対値にも不定性がある．しかし，化学反応で必要な情報はエンタルピーの絶対値ではなく，反応の前後でのエンタルピーの変化量であり，基準点の取り方は任意である．そこで，温度 **298.15 K**，圧力 **0.1 MPa** で[*6]最も安定に存在する単体のエンタルピーをゼロと定める．例えば酸素の場合，その単体としては（通常の）酸素とオゾンがあるが，標準状態では酸素の方が安定なので，酸素のエンタルピーを基準に選ぶ．また，炭素では固体のグラファイトが標準となる．標準状態で化合物 **1 mol** を単体から作るときのエンタルピー変化を**標準生成エンタルピー**（または生成熱）と呼び，ΔH_f°で表す．右肩につけた○は標準状態であることを示す[*7]．

*6 このテキストでは，この状態を**標準状態**と呼ぶことにする．

*7 添え字 f は formation の頭文字である．

標準生成エンタルピーを用いると，標準状態におけるさまざまな化学反応の反応エンタルピーを「わざわざ実験をすることなく」知ることができる．

一般に，A と B が反応して C と D が生成する反応の反応式が

$$a\mathrm{A} + b\mathrm{B} = c\mathrm{C} + d\mathrm{D}$$

のように書かれるとき，両辺に現れる係数 a, b, c, d を**化学量論係数**と呼ぶ[*8]．この式の原系を数学のように右辺に移項すると

*8 化学反応の左辺のことを特に原系または反応系，右辺のことを生成系と呼ぶことは前に説明した．

$$0 = -a\mathrm{A} - b\mathrm{B} + c\mathrm{D} + d\mathrm{D}$$

となる．一般に化学反応式は

$$0 = \textstyle\sum_i \nu_i \mathrm{A}_i \qquad (3.11)$$

と表される．ただし ν_i は化学量論係数で，その符号は原系では負，生成系では正である．この反応の反応エンタルピー ΔH は，関与する物質 A_i の標準生成エンタルピー $(\Delta H_f^{\circ})_i$ を用いて

$$\Delta H = \textstyle\sum_i \nu_i (\Delta H_f^{\circ})_i \qquad (3.12)$$

と求めることができる．

式（3.12）の意味をつかむために，具体的にメタンの燃焼反応

$$CH_4(g) + 2O_2(g) = CO_2(g) + 2H_2O(l)$$

を考えてみよう．図 3.2 に，この反応のダイアグラムに単体の原材料を加えたものを記した[*9]．当然であるが，原系と生成系に現れる気体分子を作り出す原材料はともに同じで，1 mol のグラファイト，2 mol の酸素，2 mol の水素である．表紙裏の表 1 によると，$CH_4(g)$, $CO_2(g)$, $H_2O(l)$の標準生成エンタルピーはそれぞれ−74.87 kJ/mol, −393.51 kJ/mol, −285.84 kJ/mol である．この図を見ると単体のエンタルピーをゼロにする意味がわかるだろう．これらの値を用いることで，ダイアグラム中のメタンの燃焼反応における反応エンタルピー ΔH は

$$\Delta H = -393.51 + 2 \times (-285.84) - (-74.87) = -890.3 \text{ kJ/mol}$$

となることがわかる[*10]．

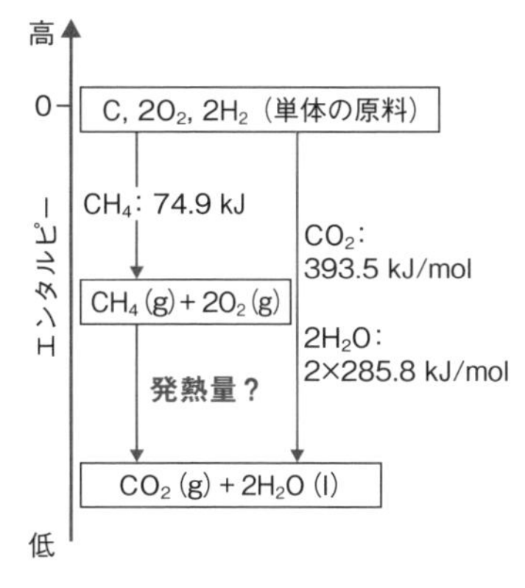

図 3.2　メタンの燃焼のダイアグラム

*9　燃焼反応なので，その結果できる $CO_2(g)$ と $2H_2O(l)$ のエンタルピーは低いと考えられるので，図の下部に書く．

*10　発熱反応なので，答えが負になっていなければならない．

例題 3.5　アルミニウムと酸化鉄（Ⅲ）を反応させてアルミナと単体の鉄ができる反応において，反応エンタルピーを求めよ．

≪解答≫　この反応の化学反応式は　$2Al + Fe_2O_3 = 2Fe + Al_2O_3$である．計算をする前にこの反応を眺めてみると，アルミナはこの地球上で極めて安定に存在する物質なので，酸化鉄よりはるかに安定であると考えられる．したがって生成系のエンタルピーは低く，この反応は発熱反応であることが期待される．**表紙裏の表 1** を見ると，Fe_2O_3 と Al_2O_3 の標準生成エンタルピーはそれぞれ−825.5 kJ/mol, −1673.5 kJ/mol となっており，その考えと矛盾していない．

これらの値を用いてこの反応の反応エンタルピーは

−1673.5 kJ/mol−(−825.5 kJ/mol)＝−848.0 kJ/mol となる．

この大きなエンタルピー変化のため，この反応は極めて容易に（爆発的に）進行すると考えられる[*11]．

*11　これは，**テルミット反応**としてよく知られた反応である．

3-5　相変化にともなって発生する熱量

ほとんどの物質は加熱することで，固体から液体，液体から気体へと相変化する．融点や沸点における相変化の過程で物質の温度は一定であり，物質に加えられる熱はすべて相変化に使われる．

大気圧の下での 1 mol の固体の融解を考えよう．大気圧を P_0，融点を T_fとすると[*12]，温度 T_f での液体と固体のエンタルピー差 ΔH_f は

$$\Delta H_f = H^{(l)}(T_f, P_0) - H^{(s)}(T_f, P_0) \tag{3.13}$$

となり，これを**融解熱**と呼ぶ．

*12　f は融解を意味する fusion の頭文字である．

同様に**蒸発熱** ΔH_{vap} は，沸点(T_b)における 1 mol の気体と液体のエンタルピーの差で定義され，

$$\Delta H_{vap} = H^{(g)}(T_b, P_0) - H^{(l)}(T_b, P_0) \tag{3.14}$$

となる[*13]．大気圧下では水の融解熱，蒸発熱はそれぞれ 6.01 kJ/mol, 40.7 kJ/mol であり，蒸発熱の方がかなり大きい．

*13　添え字の vap は蒸発を表す vaporization，b は沸騰を表す boiling の頭文字である．

物質によっては，硫黄が斜方硫黄から単斜硫黄へ変化するように固相から別の固相へと転移する場合もある．結晶状態が変化する温度を**転移点**，この時吸収される熱量を**転移熱**という．転移熱もそれぞれの結晶状態におけるエンタルピーの差として求められる．

3-6　熱容量

系に熱を加えると一般に系の温度は変化する．しかし，同じ量の熱が加えられても物質によっては温まりやすいものと，温まりにくいものがある．物質の温まりやすさの指標として**熱容量**が定義される．系の温度を T から $T+\Delta T$ まで上昇させるために必要な熱量を Q とすると系の熱容量は，

$$C \equiv \lim_{\Delta T \to 0} \frac{Q}{\Delta T} \tag{3.15}$$

として定義される[*14]．定積変化では系が吸収する熱量は内部エネルギー変化と等しいので

*14　熱容量は「物質の量」に依存する熱力学量であることに注意する．1 g あたりの熱容量をその物質の比熱，1 mol あたりの熱容量をモル比熱と呼ぶ．

$$C_v = \left(\frac{\partial U}{\partial T}\right)_v \tag{3.16}$$

となる．定圧変化では**例題 3.1** より吸収する熱量はエンタルピー変化と等しく

$$C_p = \left(\frac{\partial H}{\partial T}\right)_p \tag{3.17}$$

となる．ここで，C_v, C_p をそれぞれ**定積熱容量**，**定圧熱容量**と呼ぶ．

ここで C_p と C_v の差を計算してみよう．$H=U+PV$ の両辺を，圧力 P を一定にして T で偏微分すると

$$\left(\frac{\partial H}{\partial T}\right)_p = \left(\frac{\partial U}{\partial T}\right)_p + P\left(\frac{\partial V}{\partial T}\right)_p$$

となる．n mol の理想気体では，内部エネルギーが温度だけの関数であるので[*15]，式 (3.16) と式 (3.17) の熱容量の関係式を用いて

*15　内部エネルギーは温度だけの関数ということは，$\left(\frac{\partial U}{\partial T}\right)_P = \left(\frac{\partial U}{\partial T}\right)_V = \frac{dU}{dT}$ である．

$$C_p = C_V + P\left(\frac{\partial V}{\partial T}\right)_p$$

となる．さらに $PV=nRT$ を使えば

$$C_p - C_V = nR \tag{3.18}$$

となる．この関係式を**マイヤーの関係式**という．

ユリウス・ロベルト・フォン・マイヤー
1814 年〜1878 年

3-7　理想気体の断熱変化

系から外界に熱の出入りのない変化を**断熱変化**という．熱力学第一法則を用いて理想気体の断熱変化における関係式を求めてみよう．1 mol の理想気体を，状態 A（P_1, V_1, T_1）から状態 B（P_2, V_2, T_2）まで**準静的に**断熱膨張させる．定積熱容量の定義である式（3.16）より，内部エネルギーの微小変化は

$$\mathrm{d}U = C_V \mathrm{d}T \tag{3.19}$$

である．断熱過程では系が吸収する熱量はないので，熱力学第一法則から

$$C_v \mathrm{d}T = -P\mathrm{d}V \tag{3.20}$$

となる．理想気体の状態方程式 $PV=RT$ を式（3.20）に代入して P を消去すると

$$C_v \frac{\mathrm{d}T}{T} = -R\frac{\mathrm{d}V}{V} \tag{3.21}$$

式（3.21）を C_v が温度に依存しない定数として，状態 A から状態 B まで積分すると

$$C_v \ln\frac{T_1}{T_2} = -R\ln\frac{V_1}{V_2} \tag{3.22}$$

となる[*16]．マイヤーの関係式 (3.18) と，**比熱比**と呼ばれる量　$\gamma = C_p/C_v$ を用いて変形すると

$$T_1 \times {V_1}^{\gamma-1} = T_2 \times {V_2}^{\gamma-1}$$

となることがわかる．状態 A，B の取り方は任意であるから，任意の断熱準静変化に対して

$$TV^{\gamma-1} = 一定 \tag{3.23}$$

であることがわかる．この式を**ポアソンの式**という．理想気体の状態方程式を用いて T を消去すると

$$PV^{\gamma} = 一定 \tag{3.24}$$

が得られる．この式もポアソンの式ということがある．

＊16　この積分が実行できるためには，積分経路において常に温度や圧力などの熱力学量が確定している（すなわち準静過程である）必要がある．途中に不可逆過程があると，そこでは熱力学量が定義できない．このような状況下ではこの積分計算ができないため，結果としてのポアソンの式は成立しない．

Column ポアソンの式

10年ほど昔，フランスに出張したときに夕食をとるためにあるレストランに入った．そこでメニューを見ると，すべてフランス語で書かれており英語の説明がないので大変困った．店員を呼んで質問するしかないなと思ったのだが，ふとメニューの中にPoissonという単語があるのに気がついた．これはまさにポアソンであり，学生時代に物理の授業でPoissonは魚であることを聞いたことがあったので，それが魚料理であるとわかった．

シメオン・ドニ・ポアソン
1781年～1840年

ポアソン（S. D. Poisson）は，日本の江戸時代後期に活躍したフランスの数学者・物理学者で，その業績は数学から物理まで多岐に及んでいる．理工系の大学生なら，本章で学んだポアソンの式以外にも，ポアソン分布，ポアソン方程式，ポアソンの括弧式などを学ぶかもしれない．その後日本に帰国してから，フランスから来日していた留学生に，ポアソンの式とは魚の式なのか？　と聞いてみた．するとその学生は流暢な日本語で「はい，間違いなく魚の式です！」と答えてくれた．

章末問題

[3.1]　373 K，0.1 MPaにおいて1 molの水が沸騰して水蒸気になるときの内部エネルギー変化ΔU，エンタルピー変化ΔHを求めよ．ただし，373 K，0.1 MPaにおける水の蒸発熱は41.0 kJ/molとし，また水の体積は水蒸気と比較して無視できるものとする．

[3.2]　断熱壁で囲まれたピストンつきの容器内に1 molの理想気体を入れ，温度をT(K)に保った．次にピストンを動かして気体の体積をV_1からV_2まで準静的に変化させた．この変化にともなう内部エネルギー変化ΔU，エンタルピー変化ΔHを求めよ．

[3.3]　300 K，1 molの理想気体を，断熱変化によって体積を半分に圧縮した．変化後の気体の温度はいくらになるか．

第4章

熱力学第二法則

Introduction

室温の物体に氷を接触させて放置するとその物体の温度は下がる．しかし逆に物体が氷から熱を奪い，その物体の温度が上がるということはないであろう．このように自然界で起こる変化には方向性がある．本章で学ぶ熱力学第二法則は，この変化の方向性について述べるものである．数式ではなくコトバで書かれたこの法則が，一体どのような熱現象を説明できるのかを見ていこう．

4-1　熱力学第二法則

最初に，図 2.4 に示したジュールの実験をもう一度考えてみよう．コックを開くと左側の気体が右の真空の容器に拡散した．しかしその後，どれだけ待っても再び気体が左の容器に自然に集まり，右の容器が真空に戻ることはない．しかし，コックを開ける前後で全体の内部エネルギーは変化していないので，エネルギー保存則ともいえる熱力学第一法則は，「気体が自発的に気体が一つの場所に再び集まるような現象」が起きることを否定してはいない．このように自然界で起こる変化には方向性があり，この変化の方向性を法則の形にしたものが熱力学第二法則である．この法則も第一法則と同じく証明することはできない．熱力学第二法則にはいろいろな表現があるがここでは二つの表現を示す．

熱力学第二法則（トムソンの表現）

循環する過程[*1]により一つの熱源から熱をもらい，それを完全に仕事に変えることはできない．

*1　後で出てくる熱機関のようなサイクル運動により熱を仕事にする装置のことである．

またはそれと同値な表現で

熱力学第二法則（クラウジウスの表現）

> 他になにも変えることなく，低温の物体から熱をとり，それを高温の物体に移すことはできない．

これらの原理は互いに等価であることがあとで示される（章末問題［4.1］参照）．

熱力学第二法則を理解するために，熱機関というものを考えてみよう．一般に熱を仕事に変える装置を**熱機関**（**エンジン**）と呼ぶ．熱機関はくりかえして運動させないと役に立たないので，循環させて動かせる必要がある．一般に熱機関の中で用いられる物質を**作業物質**と呼び，作業物質は熱機関の中で熱や仕事を与えたり奪われたりしながらもとに戻る．この過程を**サイクル**と呼ぶ．1サイクルで熱機関が外界からトータルで吸収した熱を q，外界にした仕事の総和を w とすると，その比は**熱効率**と呼ばれ，

$$e=\frac{w}{q} \tag{4.1}$$

で定義される[*2]．

*2　単に**効率**とも呼ばれる．インプット（外界から得た熱量）分のアウトプット（外界にした仕事）と覚えよう．

トムソンの表現で否定されるサイクルを図で表したものが図4.1である．このサイクルでは，熱源から得た熱を完全に仕事に変えているが，このような効率が1の熱機関（**第二種永久機関**）は存在しないことがわかる．別のいい方をすると，仕事は全部熱に変えられるが，熱を全部仕事に変えることはできないことを表している．

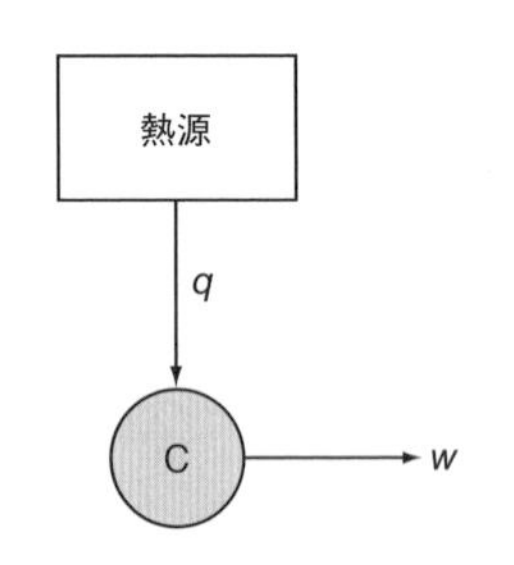

図4.1　トムソンの原理により否定されるサイクル

現実の熱機関は一つの熱源の下では働かず，必ず高い温度の熱源と低い温度の熱源が必要となる．このような二つの熱源の間ではたらく熱機関を模式図で表すと図4.2のようになる．高温熱源から作業物質に q_1 の熱量が供給され，仕事 w を外界に対して行い，低温熱源に q_2 の熱を排出する[*3]．熱機関では1サイクル後，状態は元に戻るので内部エネルギー変化はない．したがって，熱力学第一法則から $w=q_1-q_2$ となる．熱機関では，高熱源から供給されたエネルギー q_1 の一部を仕事に変え，残ったエネルギー q_2 を低温熱源に放出していることになる．このとき熱機関の効率 e は

$$e=\frac{w}{q_1}=\frac{q_1-q_2}{q_1}=1-\frac{q_2}{q_1} \tag{4.2}$$

となり，q_1, q_2 を使って表現することができる．

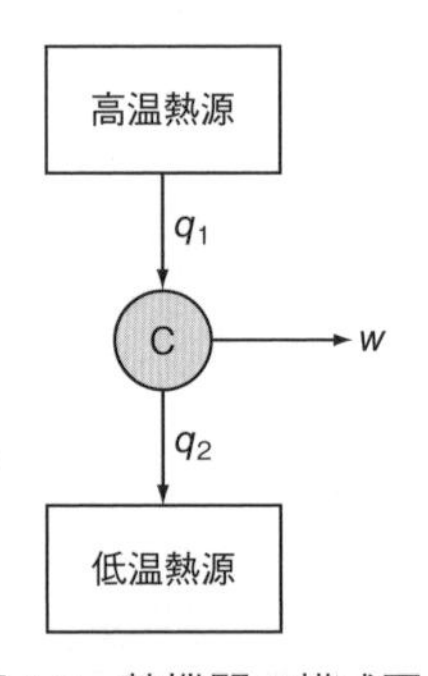

図4.2　熱機関の模式図

*3　図4.2において，矢印の向きに熱が移動するとき q の符号は正であるとする．

4-2　カルノーサイクル

次に，熱機関の効率はどこまで上げることができるか考えてみよう．まず初めに，**カルノーサイクル**と呼ばれる，理想気体を作業物質とする熱機

関を考える．カルノーサイクルとは，図 4.3 に示すように理想気体の等温圧縮・膨張と断熱圧縮・膨張を組み合わせた熱機関である．カルノーサイクルでは，まず状態 A の理想気体を温度 T_1の高温熱源と接触させて，準静的に等温膨張させ，状態 B にする．この時，気体は熱源から熱を q_1だけ吸収する．次に気体を準静的に断熱膨張させ，状態 C にする．この時，気体の温度は T_1から T_2に下がる（**断熱膨張**）[*4]．次に，気体を温度 T_2の低温熱源に接触させて，準静的に等温圧縮し，状態 D にする．この時，気体は熱源から熱 q_2を排出する．最後に気体を準静的に**断熱圧縮**して最初の状態 A に戻す．このとき，気体の温度は T_2から T_1に上昇する．

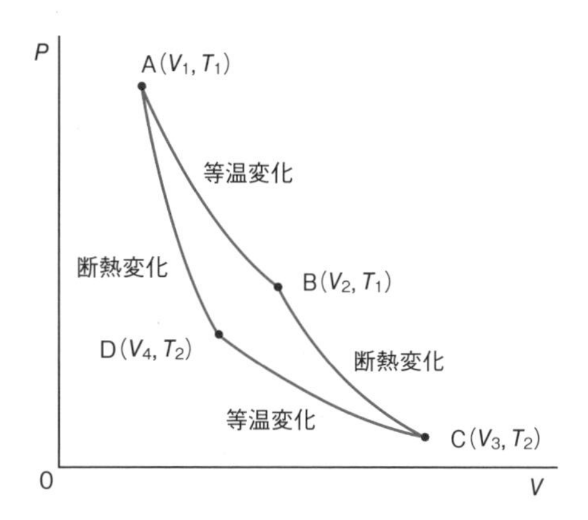

図 4.3 P–V 平面上に表したカルノーサイクル

＊4 ポアソンの式を見て，断熱膨張では温度は減少し，断熱圧縮では温度が下がることを確認せよ．

カルノーサイクルの効率を計算するために，各過程における移動した熱，仕事，内部エネルギーの変化を求めてみよう．

(1) 状態 A から B の変化

これは等温変化であるから，ジュールの法則により気体の内部エネルギーは変化しない．

$$\Delta U_{AB}=0 \tag{4.3}$$

この過程で気体が外界にする仕事 w_{AB}は**例題 2.1** で計算しており

$$w_{AB}=nRT_1\ln\frac{V_2}{V_1} \tag{4.4}$$

となる．熱力学第一法則から状態 A→B の変化で系が吸収する熱量 q_{AB} は w_{AB} に等しく

$$q_{AB}=nRT_1\ln\frac{V_2}{V_1} \tag{4.5}$$

となる．$V_1<V_2$であるので，w_{AB}と q_{AB}は正の値であることに注意せよ．

(2) 状態 B から C の変化

この過程は断熱準静過程であることから，$q_{BC}=0$ である．さらにポアソンの式から

$$\frac{T_2}{T_1}=\left(\frac{V_2}{V_3}\right)^{\gamma-1} \tag{4.6}$$

が成立する．この過程で内部エネルギーの変化と気体が外界にする仕事は

$$\Delta U_{BC}=C_V(T_2-T_1) \tag{4.7}$$

$$w_{BC}=-\Delta U_{BC}=-C_V(T_2-T_1) \tag{4.8}$$

$T_2<T_1$であるので，ΔU_{BC}は負(減少)，w_{BC}は正の値であることに注意せよ．

ニコラ・レオナール・サディ・カルノー
1796 年～1832 年

*5 計算は (1) と同様であるが，熱の流れる向きと，仕事が外界から「される」ことに注意しよう．

(3) 状態 C から D の変化[*5]

これは等温変化であるから，内部エネルギーの変化はない．

$$\Delta U_{\rm CD}=0 \tag{4.9}$$

D→C への変化で系が外界にする仕事は $w_{\rm DC}=nRT_2\ln\dfrac{V_3}{V_4}$ であり，これは C→D の過程で系がされる仕事 $w_{\rm CD}$ に等しい．

$$w_{\rm CD}=nRT_2\ln\frac{V_3}{V_4} \tag{4.10}$$

熱力学第一法則から状態 C→D の変化で系が排出する熱量 $q_{\rm CD}$ は w_{AB} に等しく

$$q_{\rm CD}=nRT_2\ln\frac{V_3}{V_4} \tag{4.11}$$

となる．$V_4<V_3$ であるので，$w_{\rm CD}$ と $q_{\rm CD}$ はともに正の値である．

(4) 状態 D から A の変化

この過程は断熱準静過程であることから，$q_{\rm DA}=0$ である．さらに上記 (2) のときと同様にポアソンの式を利用すると

$$\frac{T_2}{T_1}=\left(\frac{V_1}{V_4}\right)^{\gamma-1} \tag{4.12}$$

が成立する．この過程で内部エネルギーの変化と気体が外界からされる仕事は

$$\Delta U_{\rm DA}=C_{\rm V}(T_1-T_2) \tag{4.13}$$

$$w_{\rm DA}=\Delta U_{\rm DA}=C_{\rm V}(T_1-T_2) \tag{4.14}$$

となる．

熱力学量の情報がそろったところで，このカルノーサイクルの効率 $e_{\rm c}$ を計算しよう．その計算で必要なのは系が吸収した熱量 Q とトータルで外界にした仕事 W である．Q は上記の過程(1)で計算した $q_{\rm AB}$ である．一方，W はすべての過程で外界に対して行った仕事を足し合わせて[*6]

*6 仕事を外界からされたときは符号をマイナスにすることを忘れずに．

$$W=w_{\rm AB}+w_{\rm BC}-w_{\rm CD}-w_{\rm DA}$$

$$=nRT_1\ln\frac{V_2}{V_1}-C_{\rm V}(T_2-T_1)-nRT_2\ln\frac{V_3}{V_4}-C_{\rm V}(T_1-T_2)$$ [*7]

*7 行きの断熱変化がする仕事と帰りの断熱変化でされる仕事は等しいので相殺することをチェックせよ．

$$=nRT_1\ln\frac{V_2}{V_1}-nRT_2\ln\frac{V_3}{V_4} \tag{4.15}$$

式 (4.6) と (4.12) を比較することで $\dfrac{V_2}{V_3}=\dfrac{V_1}{V_4}$ となるので，

$$\frac{V_3}{V_4}=\frac{V_2}{V_1} \tag{4.16}$$

となる．この式を式（4.15）に代入すると

$$W=nRT_1\ln\frac{V_2}{V_1}-nRT_2\ln\frac{V_2}{V_1}=nR(T_1-T_2)\ln\frac{V_2}{V_1} \tag{4.17}$$

以上からカルノーサイクルの効率 e_c は

$$e_c=\frac{W}{q_{ab}}=\frac{nR(T_1-T_2)\ln\frac{V_2}{V_1}}{nRT_1\ln\frac{V_2}{V_1}} \tag{4.18}$$

$$=1-\frac{T_2}{T_1} \tag{4.19}$$

となる．カルノーサイクルの効率は高温熱源と低温熱源の温度だけで決まることがわかった．また，式（4.19）から，二つの熱源の温度差が大きいほど熱機関の効率が高くなることもわかる[*8]．

＊8　ここまでの議論では，熱力学第二法則はどこにも使っていないことに注意せよ．

例題 4.1　高温熱源の温度が 600 K，低熱源の温度が 300 K のカルノーサイクルを考える．あるカルノーサイクルが 1 サイクルで 200 J の仕事をしたとするとき，サイクルの効率とサイクルが吸収した熱量を求めよ．

≪解答≫　カルノーサイクルの効率は 1－300/600＝0.5 である．これは吸収した熱の半分を仕事にできるということだから，1 サイクルで吸収した熱は 400 J である．

4-3　可逆機関と不可逆機関

系が何らかの過程を経て，ある状態から別の状態に変化したとする．何らかの方法で，外界に何の変化も残さずに系を元の状態に戻すことができるとき，その過程を**可逆過程**と呼ぶ．これに対し可逆過程でない過程を**不可逆過程**という．

例題 4.2　熱力学ではなく，古典力学の世界において可逆過程にはどんなものがあるか．

≪解答≫　例えば支点における摩擦を極限に減らした単振り子などが挙げられる．摩擦のない力学の振動は（ゆっくりであろうとなかろうと）すべて可逆である．

熱力学においては，系の状態を無限にゆっくり変化させて，系が途中いつでも外界と平衡にあるような準静的過程を考えることで，可逆過程を取り扱うことができることはすでに学んだ[*9]．

＊9　すなわち，熱力学においては，可逆過程＝準静過程である．

ここで，ある熱機関（サイクル）が1周作動して熱のやり取りと仕事をしたとき，何らかの方法で外界に変化を残さないように最初の状態に戻すことができるとき，その熱機関を**可逆熱機関**と呼ぶ（元に戻せない熱機関を**不可逆熱機関**と呼ぶ）．先に学んだカルノーサイクルでは，各過程が準静的過程（可逆過程）から構成されているため，サイクルを逆にまわせば外界も含めた体系を完全に元に戻すことができる（**逆カルノーサイクル**）[*10]．

*10　カルノーサイクルの四つのステップを逆にたどることにより，熱源から吸収（熱源に排出）した熱量と外界にする仕事はすべて符号が変わるだけであることを確かめよ．逆カルノーサイクルを頭の中で動かしてみることがこれからの熱力学の展開において非常に重要である．

例題 4.3　逆カルノーサイクルを動かすと，熱は低温熱源から高温熱源に移っており，かつサイクルも元の状態に戻っている．これは熱力学第二法則（クラウジウスの表現）と矛盾していないか．
≪解答≫　逆カルノーサイクルを動かすためには，外界から仕事をしなくてはならない．〔その仕事は（順方向の）カルノーサイクルがする仕事に等しい〕．その仕事をしたという状況が戻っていないのでクラウジウスの表現に矛盾してはいない．熱が冷たいものから熱いものに移動するというのは一見，第二法則に反する現象だが，陰で仕事をしている人がいるなら不思議ではない．

4-4　カルノーの定理

カルノーサイクルでは，熱機関の効率は高熱源と低熱源の絶対温度だけで決まった．より一般的に任意の熱機関の効率に関して，以下の**カルノーの定理**がなりたつ．

カルノーの定理 I

二つの熱源の間で働く任意の熱機関の効率は，カルノーサイクルの効率を超えない．

カルノーの定理 I の意味だが，まず本テキストで定義したカルノーサイクルの作業物質（中身）は理想気体であったことを確認してほしい．またサイクルは合計で4種の等温・断熱過程から成っていた．カルノーの定理 I は，熱機関の作業物質の種類や，変化の過程をいくら変えてみたところで，その効率はカルノーサイクルの効率 e_c を超えることができないことを主張している[*11]．

*11　作業物質が理想気体でなくなると，状態方程式やジュールの法則，ポアソンの式などが一連托生で使えなくなる．すると熱効率の計算しようにも手も足も出なくなってしまう気がするが，どのようにしてカルノー定理は証明されるのだろうか．

カルノーの定理 I の証明は，以下のように背理法を使って行う．まず，図 4.4 (a) に示すように，高熱源と低熱源にカルノーサイクル（可逆機関）C と任意の熱機関 C' をつなぐ．C は高熱源から q_1 の熱を吸収し低熱源に q_2 の熱を放出することで w の仕事をするサイクルで，C' は q'_1 の熱を吸収

し q'_2の熱を放出することで同じ量の仕事 w をするサイクルであるとする[*12]．C' の効率を $e'(=w/q_1')$ とする．まず，熱力学第一法則より

$$w=q_1-q_2=q_1'-q_2' \tag{4.20}$$

である．

もしカルノーの定理 I が正しくなく，カルノーサイクルを超えるスーパーエンジンがあるとすると，$e'>e_c$ である．このとき

$$\frac{w}{q_1'}>\frac{w}{q_1} \tag{4.21}$$

となるから

$$q_1'<q_1 \tag{4.22}$$

となる．

次に図 4.4（b）のように，C' を運転させて外界に仕事 w を取り出し，その仕事を用いて C（カルノーサイクル）を逆回転させてみよう．逆カルノーサイクルは，低熱源から q_2の熱を吸収し高熱源に q_1の熱を放出している．この状態で，二つのサイクル C と C' をあわせた全体を見てみると，仕事 w は打ち消しあい，低熱源からは q_2-q_2' の熱が奪われ，高熱源に q_1-q_1' の熱が移動して[*13]，他に何の変化も残っていない．これは熱力学第二法則（クラウジウスの表現）に反する．したがって最初の仮定 $e'>e_c$ は誤りである．よって任意の熱機関において

$$e'\leqq e_c \tag{4.23}$$

であることが証明された．

次に，もし C' も可逆機関だったらどうなるだろうか．それに関して以下の定理がある．

*12 受け渡しに使われる熱量をうまく調整して，二つのサイクルのする（される）仕事が等しくなるようにすることができる．

(a)

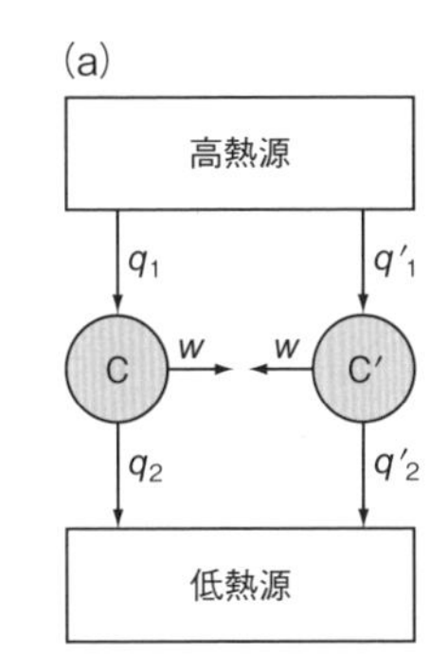

(b)

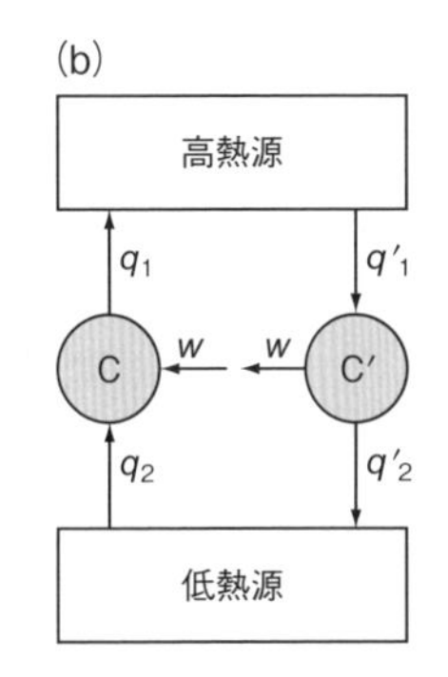

図 4.4 カルノーの定理を説明する模式図

*13 式（4.20）と式（4.22）より $q_2-q_2'=q_1-q_1'>0$ を示すことができる．すなわち正の熱を低温熱源から奪い，高温熱源に捨てていることになる．

カルノーの定理 II

> 二つの熱源の間ではたらく任意の可逆熱機関の効率は等しい．

[証明] ある可逆サイクル C' の効率 e' が，カルノーサイクル C の効率より小さい（$e'<e_c$）とする．今度は C を順サイクル，C' を逆サイクルで稼働させれば，カルノーの定理 I の証明と同様にして，（他に変化を残さず）低温熱源から高温熱源に熱を移動してしまうことがわかり，熱力学第二法則に矛盾する．よって $e'\geqq e_c$となる．この結果をカルノーの定理 I（4.23）と合わせると

$$e'=e_c \tag{4.24}$$

となる．すなわちすべての可逆熱機関の効率は等しいことが証明された．

例題 4.4　ある熱機関 C' の効率がカルノーサイクルの効率 e_c に等しいとき，その熱機関は可逆機関であることを示せ．（カルノーの定理 II の逆）

≪解答≫　ある熱機関 C' が効率が e_c でありながら不可逆機関であると仮定する．ここでも，図 4.4（b）のように，C' を順サイクル，カルノーサイクル C を逆サイクルで稼働させてみよう．この結果，両サイクルの効率が等しいので $q_1' = q_1 (q_2' = q_2)$ となるので，両熱源の状態を完全に戻すことができる．また両サイクルは元に戻っているので，熱機関 C' が外界に及ぼした影響をカルノーサイクル C が完全に戻すことができている．これは熱機関 C' が可逆であることを意味しており，最初の仮定に反している．

絶対温度 T_1 の高熱源から q_1 の熱を吸収して，絶対温度 T_2 の低熱源に熱 q_2 を放出して $q_1 - q_2$ の仕事をする**任意の熱機関**を考える．この熱機関の効率 e は，式（4.2）より $e = \dfrac{q_1 - q_2}{q_1}$ である．一方，カルノーサイクルの熱効率は式（4.19）より，$e_C = \dfrac{T_1 - T_2}{T_1}$ である．カルノーサイクルは可逆熱機関であり，カルノーの定理から可逆熱機関の効率があらゆる熱機関中最大であることが示されたので，熱機関の効率の最大値はカルノーサイクルの熱効率 e_C となる．したがって

$$1 - \frac{q_2}{q_1} \leqq 1 - \frac{T_2}{T_1} \tag{4.25}$$

となる．これを変形すると

$$\frac{q_1}{T_1} \leq \frac{q_2}{T_2} \tag{4.26}$$

という関係式が得られる．等号は熱機関が可逆サイクルのときに成り立つ．

Column カルノーサイクルの中身は？

熱力学は難しい学問である．世に熱力学の教科書は多数あるが，読む教科書によって論理の展開が異なっていることも頭痛のタネである．これは，どの教科書もほとんど同じことが書いてある力学，電磁気学，量子力学の教科書とは対照的である．特に初学者にとって混乱を招きがちなのが「カルノーサイクルの定義」である．世の熱力学の教科書には，

①理想気体を作業物質とし，二つの熱源の間で等温膨張→断熱膨張→等温圧縮→断熱圧縮の 4 過程でサイクルを形成するもの（本テキスト）.
②作業物質は任意とし，あとは①と同じもの.
③二つの熱源の間ではたらく任意の可逆サイクル.

のような種々のカルノーサイクルの定義があり，手に取った教科書を読み進める前にその定義を十分チェックしておく必要がある.

章末問題

[4.1] トムソンの表現とクラウジウスの表現が同等であることを証明せよ.

[4.2] 図 4.3 において，状態 A から状態 C に行く経路として，状態 B を経由する場合（経路 C_1）と状態 D を経由する場合（経路 C_2）を考える．二つの経路に沿った準静変化を考えるとき，系が吸収する熱量はそれぞれいくらか．また，どちらの径路も図 1.2 のように微小経路に分割し，各微小経路において吸収する熱量を $\mathrm{d}q$ とする．このとき，$\dfrac{\mathrm{d}q}{T}$ を経路に沿って線積分した $\displaystyle\int_C \frac{\mathrm{d}q}{T}$ をそれぞれの経路について求めよ.

[4.3] 右図のような二つの熱源（$T_H > T_L$）の間で動く熱機関を考える．作業物質は 1 mol の理想気体とする．2→3 および 4→1 の過程はどちらも等積変化で，作業物質の体積を変えず二つの熱源のどちらかに接触させて系の温度のみを変化させるとする.

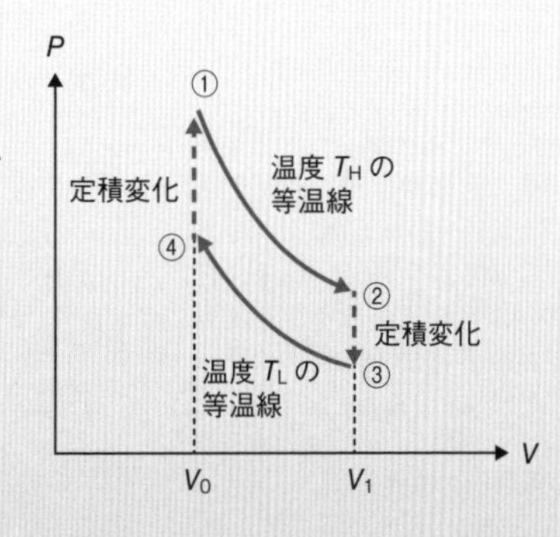

1. 熱が高温熱源より流入する過程はどれか．また，流入する熱量はいくらになるか.
2. 1 サイクルでこの熱機関が外界にする仕事 W はいくらか.
3. この熱機関の効率 e はいくらになるか.

第5章

エントロピー

Introduction

本章では，熱機関の考察を進め，エントロピーという新たな状態量を導入する．エントロピーは系に出入りする熱と温度を用いて表現できる量であるが，圧力，温度，エネルギーといった他の量と比較すると，一見つかみどころのない量である．しかしこのエントロピーを用いることで，熱力学第二法則を数式で表現し，変化の不可逆性を定量的に扱うことができるようになる．

ルドルフ・クラウジウス
1822年～1888年

5-1 クラウジウスの不等式

第4章で議論したように，温度 T_1の高温熱源から熱量 q_1を吸収して温度 T_2の低温熱源に q_2を放出する任意の熱機関において，式（4.26）

$$\frac{q_1}{T_1}\leq\frac{q_2}{T_2} \tag{5. 1}$$

が成立する．等号は可逆サイクル，不等号は不可逆サイクルのときに対応する．ここまで，q_1と q_2は正の量であったが，もし作業物質が熱を吸収する場合を正，放出する場合を負と約束し，符号に熱の移動の方向性の意味を持たせるならば，q_2は$-q_2$となり，

$$\frac{q_1}{T_1}+\frac{q_2}{T_2}\leqq 0 \tag{5. 2}$$

となる．この節では，この不等式を一般化することを考えよう[*1]．

ここで，「任意の作業物質からなる任意の熱機関C」を考える．この熱機関は，外界と熱のやりとりを N回行うとする．その熱の受け渡しのために N個の熱源 $\mathrm{R}_1\cdots\mathrm{R}_N$ を別途に用意し，それぞれの**熱源の温度**を $T_1^{(e)}$, $T_2^{(e)},\cdots T_N^{(e)}$，熱源とCの間でやり取りする熱量を $q_1, q_2,\cdots q_N$ とする[*2]．もし準静的に熱の受け渡しをするなら，外部熱源と作業物質の温度は等しくなくてはならず，$T^{(e)}{}_i=T_i$ である．また i番目の過程で，不可逆的に熱を渡すなら $T^{(e)}{}_i>T_i$，不可逆的に熱を奪うなら $T^{(e)}{}_i<T_i$ とし，熱の受け渡しをしないなら熱源とサイクルの間に断熱壁などを置くことにする（この

*1 この節の議論は若干煩雑なので，最初は飛ばしてもよい．要は，熱力学第二法則と背理法を使って「任意の過程，任意の作業物質からなるサイクル」において（5.2）のような式が成り立つことを証明しようとしている．この結果が**クラウジウスの不等式**(5.10)である．

*2 式（5.2）の一般化を考えているので，この任意の熱機関Cにおいて，各 q_i の符号は熱機関が吸収するときは正，排出するときは負と約束する．

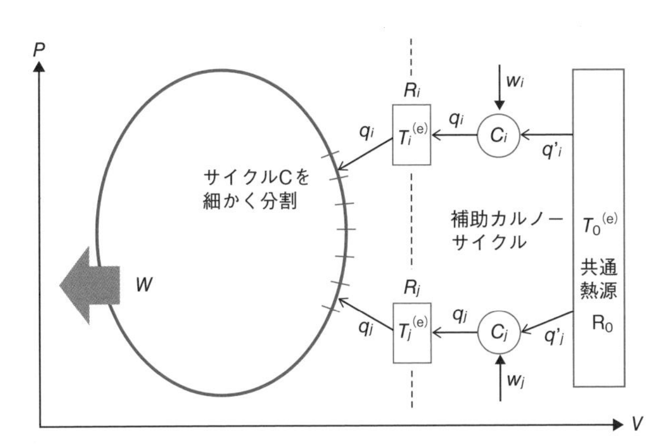

図 5.1　クラウジウスの不等式の説明のための熱サイクル

ときは $q_i=0$ である).

このサイクルがトータルで外界にする仕事 W は，**熱力学第一法則**より受け渡しの熱量の総和であり，

$$W=\sum_{i=1}^{N} q_i \tag{5.3}$$

である.

このサイクルが終了したとき，各熱源 R_i はこのサイクル C と熱 q_i をやり取りしており，最初の状態とは異なった状態になっていることに注意しよう.

ここで，これら N 個の熱源が失った（または受け取った）熱 q_i を，一つの熱源（温度 $T_0^{(\mathrm{e})}$ の熱源 R_0）によって補填して元の状態に戻すことを考える．そのために，二つの熱源（R_0 と各 R_i）の間で動く N 個のカルノーサイクル C_i をさらに別個に用意する．図 5.1 はそれを示したもので，補助カルノーサイクル C_i は，外界から w_i の仕事を行うことにより $T_0^{(\mathrm{e})}$ の熱源 R_0 から q_i' の熱を吸収し，熱源 $\mathbf{R}_\mathrm{i}$ に $\mathbf{q}_\mathrm{i}$ の熱を渡して $\mathbf{R}_\mathrm{i}$ をすべて元の状態に戻す[*3]．熱力学第一法則により，個々のカルノーサイクル C_i に対して行った仕事 w_i と熱源と受け渡しする熱量の間には $w_i=q_i-q_i'$ の関係がある．これを，i について 1 から N まで足し合わせると

$$\sum_{i=1}^{N} w_i=\sum_{i=1}^{N}(q_i-q_i') \tag{5.4}$$

となる．ここで

$$Q'=\sum_{i=1}^{N} q_i' \tag{5.5}$$

とおき，式 (5.3) も用いて式 (5.4) を整理すると

$$Q'=W-\sum_{i=1}^{N} w_i \tag{5.6}$$

*3　この補助カルノーサイクルにおいては，「熱機関 C を動かすための N 個の熱源を戻す」ことをわかりやすく示すために，前章で定義した逆カルノーサイクルの熱の流れ（図 4.1）を採用している．すなわち，サイクルは外部から仕事をされ，熱が矢印の方向に流れたときを正としている．

が導かれた．左辺の Q' は熱源 R_0が N 個のカルノーサイクルに渡した熱の総量，右辺は系全体がトータルで外界にした仕事に相当する．またカルノーサイクルは可逆機関なので式（5.1）から

$$\frac{q_i}{T_i^{(e)}} = \frac{q_i'}{T_0^{(e)}}$$

であり，これも i について 1 から N まで足し合わせて

$$\sum_{i=1}^{N} \frac{q_i}{T_i^{(e)}} = \sum_{i=1}^{N} \frac{q_i'}{T_0^{(e)}} \tag{5. 7}$$

となる．この式の右辺の温度 $T_0^{(e)}$をはΣ記号の外に出すことができて

$$\sum_{i=1}^{N} \frac{q_i'}{T_0^{(e)}} = \frac{1}{T_0^{(e)}} \sum_{i=1}^{N} q_i' = \frac{Q'}{T_0^{(e)}}$$

となり，式（5.7）と合わせて

$$\sum_{i=1}^{N} \frac{q_i}{T_i^{(e)}} = \frac{Q'}{T_0^{(e)}} \tag{5. 8}$$

となることがわかる．ここで，この式の左辺の Q' の「符号」について考えてみよう．1 サイクルが終わったときに系全体の状態を眺めてみると，考えている熱機関と N 個のカルノーサイクル，および熱源 $R_1 \cdots R_N$ はすべて元の状態に戻っており，戻っていないのは熱源 R_0だけである．また各サイクルは外界に仕事をしたりされたりしていることにも注意しよう．1 サイクルが終わった状態での式（5.8）の左辺の符号について，以下 3 通りに場合分けして議論しよう[*4]．

＊4 $Q' = T_0^{(e)} \sum_{i=1}^{N} \frac{q_i}{T_i^{(e)}}$ である．

1. $\sum_{i=1}^{N} \frac{q_i}{T_i^{(e)}} > 0$ の場合

このとき $Q' > 0$ なので，式（5.6）より熱機関 C がした仕事が，補助カルノーサイクル C_i の運転に必要な仕事の総和より大きいことを示す．すなわち「系全体が外界にした仕事が正である」ことを意味する．これは，熱源 R_0から Q' の熱を取り，そのまま仕事に変えたことを意味する．これは熱力学第二法則（トムソンの表現）に反する．

2. $\sum_{i=1}^{N} \frac{q_i}{T_i^{(e)}} = 0$ の場合

このとき $Q' = 0$ なので，熱機関 C がした仕事は，補助カルノーサイクル C_i の運転に必要な仕事の総和に等しく両者はキャンセルされる．またこのときは熱源 R_0も元に戻っているので，全体として可逆変化であることがわかる．

3. $\sum_{i=1}^{N} \frac{q_i}{T_i^{(e)}} < 0$ の場合

このとき $Q' < 0$ なので，系全体はトータルで外界から仕事をされているが，その仕事は熱源 R_0に熱として捨てられている．仕事をすべて熱に

変える過程は不可逆である[*5].

以上の議論より,

$$\sum_{i=1}^{N} \frac{q_i}{T_i^{(e)}} \leq 0 \tag{5.9}$$

という不等式が成り立つことがわかった. 等号は可逆過程のときに成り立つ. この式の導出にあたっては, カルノーサイクルの性質と熱力学第二法則が重要なはたらきをしていることに注意しよう(どこで用いたか, もう一度確認せよ).

サイクルの分割数を無限に細かくしていけば, 式(5.9)は積分で置き換えることができて

$$\oint_C \frac{\mathrm{d}q}{T^{(e)}} \leq 0 \tag{5.10}$$

となる. ここで $\mathrm{d}q$ は系が熱源から吸収する微小の熱量を表す. 式(5.9), または式(5.10)を**クラウジウスの不等式**という.

5-2 エントロピー

いま, 系がある経路 C に沿って**準静的に変化**する場合を考える. このとき, クラウジウスの不等式はどうなるだろうか. 準静変化は可逆変化なので, クラウジウスの不等式中の不等号を等号に置き換えることができる. さらに, 熱源と作業物質の温度は常に等しくできるので, 温度の右肩に付いている(e)の記号を外すことができる. すると式(5.10)は, 任意の閉経路 C に対して

$$\oint_C \frac{\mathrm{d}q}{T} = 0 \tag{5.11}$$

という等式になる. このとき,

$$\mathrm{d}S = \frac{\mathrm{d}q}{T} \tag{5.12}$$

で定義される量 S を考えると, 式(5.11)より $\oint_C \mathrm{d}S = 0$ となる. したがって, ある状態 B から別の状態 A を結ぶ径路を C_1 とするとき, $\int_{C1} \mathrm{d}S$ は C_1 の形によらず一定値となることがわかる[*6]. これを用いて, 状態 B における**エントロピー** S を, 状態 A におけるエントロピーの値を基準として

$$S(\mathrm{B}) = S(\mathrm{A}) + \int_{\mathrm{A}\to\mathrm{B}} \frac{\mathrm{d}q}{T} \tag{5.13}$$

と定義しよう[*7]. 右辺第 2 項の線積分では, 値が経路の形に依存しないので積分記号から C_1 を外し, 代わりに始点と終点の状態(A と B)を記した. 現在のところは基準点の値 $S(\mathrm{A})$ は任意に決めてよいが, 本章の最後で

*5 仕事 W をすべて熱に変える過程がもし可逆であると仮定すると, 熱を仕事に変えて他に変化を残さない過程が存在することになってしまう. これはトムソンの原理に反する.

*6 **例題 1.2** を参照のこと. 熱量は変化の仕方によって変化する量で状態量ではないが, それを温度 T で割った量は状態量となることに注意したい. 前章の章末問題 [**4.2**] も参照のこと.

*7 この定義を内部エネルギーの定義〔式(2.9)〕と比較せよ. どちらの定義でも, 線積分が経路に依存しないことを用いている.

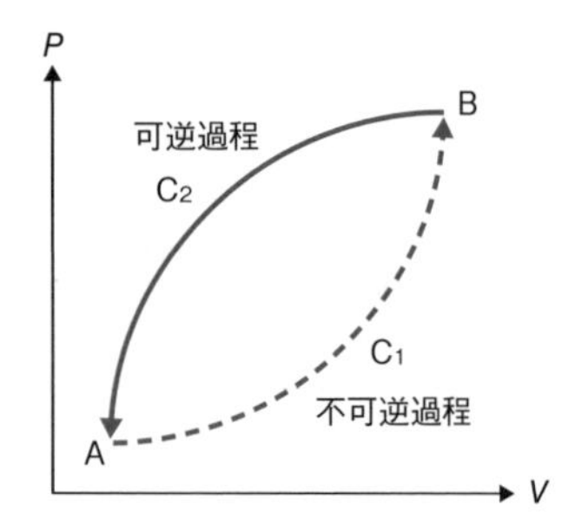

図 5.2　可逆過程と不可逆過程を組み合わせたサイクル

熱力学第三法則に基づいた基準点の決め方について説明する．また，移動した熱量を温度で割ったものであることからエントロピーは示量性変数であることがわかる．

次に図 5.2 に示すように，系が状態 A から B まで不可逆的に変化し，B から A に可逆的に戻ってくるようなサイクル C を考えてみよう．わかりやすくするために不可逆過程で移る熱量を $q_{不可逆}$ と書く．サイクル全体としては不可逆過程であるのでクラウジウスの不等式（5.10）より

$$\oint_{C}\frac{\mathrm{d}q}{T^{(\mathrm{e})}}=\int_{C1}\frac{\mathrm{d}q_{不可逆}}{T^{(\mathrm{e})}}+\int_{C2}\frac{\mathrm{d}q}{T^{(\mathrm{e})}}<0 \tag{5.14}$$

となる．そして状態 B から A への変化は準静過程であるので式（5.13）より

$$\int_{C1}\frac{\mathrm{d}q}{T^{(\mathrm{e})}}=\int_{\mathrm{A}\to\mathrm{B}}\frac{\mathrm{d}q}{T}=S(A)-S(\mathrm{B}) \tag{5.15}$$

となり，式（5.14）と（5.15）から

$$S(\mathrm{B})-S(\mathrm{A})>\int_{C1}\frac{\mathrm{d}q_{不可逆}}{T^{(\mathrm{e})}} \tag{5.16}$$

となる．よって系が状態 A から B まで変化するときのエントロピー変化 ΔS は

$$\Delta S=S(\mathrm{B})-S(\mathrm{A})\geqq\int_{\mathrm{B}}^{\mathrm{A}}\frac{\mathrm{d}q_{不可逆}}{T^{(\mathrm{e})}} \tag{5.17}$$

となる．ただし，等号は A から B の過程が可逆過程の場合，不等号は不可逆過程の場合に対応する．

ここで式（5.17）を断熱変化の場合に適用してみる．断熱系では熱の出入りはなく $\mathrm{d}q_{不可逆}=0$ であるから

$$\Delta S\geqq 0 \tag{5.18}$$

となる．これより以下の定理が導かれる．

エントロピー増大則

系のエントロピーは，断熱変化によって減少することはない．

これは，断熱系のエントロピーは不可逆変化では増加し，可逆変化では一定となることを表現している．自然界で起こる変化はすべて不可逆変化であるから，断熱系で変化が起これば必ずエントロピーが増大することになる．そして系のエントロピーが極大値になると，もはや系は変化しないことになる．これは系が平衡状態になったことに対応する．逆に断熱系における平衡状態は S が最大の状態であるということができる．これを平

衡条件Iとしてまとめておこう．

平衡条件 I

断熱系の平衡状態におけるエントロピーは極大となる．

5-3　エントロピーの計算例

エントロピーの定義，その性質について学んだので，いくつかの例についてエントロピーの変化量について計算してみる．エントロピーは状態量であるので，途中の過程，変化の仕方に依存しない．したがって，考えている変化が不可逆であっても，変化の前後を結ぶ理想的な準静的過程におけるエントロピー変化量と等しい．つまり，エントロピーの変化量を求めるには，理想的な準静的な過程におけるエントロピー変化を計算すればよい．以下の例はすべて重要であるので自らペンを持って計算してほしい．

例題 5.1　エントロピー計算 1　理想気体の定温変化

n mol の理想気体を，温度一定の状態で体積を V_1 から V_2 まで準静的に変化させる変化を考える．このときのエントロピー変化は

$$\Delta S=\int\frac{\mathrm{d}q}{T}=\int_{V_1}^{V_2}\frac{P\mathrm{d}V}{T} \tag{5.19}$$

となる．理想気体の状態方程式 $PV=nRT$ を変形して $P/T=nR/V$ を式（5.19）に代入することで

$$\Delta S=nR\int_{V_1}^{V_2}\frac{\mathrm{d}V}{V} \tag{5.20}$$

となる．よって

$$\Delta S=nR\ln\frac{V_2}{V_1} \tag{5.21}$$

と求まる．$V_2>V_1$ は気体の膨張に対応し，一定温度では気体の膨張にともなってエントロピーが増大することがわかる．

例題 5.2　エントロピー計算 2　固体の温度変化

比熱が温度によらない n mol の固体があり，外界から熱を与えて温度を T_1 から T_2 まで準静的に変化させる変化を考える．吸収する熱量は系の 1 mol あたりの比熱 C を用いて

$$\mathrm{d}q=nC\mathrm{d}T \tag{5.22}$$

となる．するとエントロピーの微小変化は

$$\mathrm{d}S=\frac{nC}{T}\mathrm{d}T \tag{5.23}$$

となる．したがって，T_1からT_2の温度変化にともなうエントロピー変化は式（5.23）を積分して

$$\Delta S=\int_{T_1}^{T_2}\frac{nC}{T}\,\mathrm{d}T=nC\ln\frac{T_2}{T_1} \qquad (5.24)$$

となる．

例題 5.3　エントロピー計算 3　気体の拡散

断熱壁で囲まれた温度 T，体積 V_1の理想気体がある．これを真空中に拡散させ，体積を V_2まで膨張させた．このときのエントロピー変化を計算してみよう．

まず，断熱壁中の拡散の過程では．気体は外界と熱の授受がなく，かつ外部に仕事をしない．したがって，熱力学第一の法則より内部エネルギーに変化がなく，よって温度が変わらないことがわかる．この変化の始状態と終状態を比べるとエントロピー計算 1 の時と同じである．エントロピーは状態量なので，その結果がそのまま使えて[*8]　$\Delta S=nR\ln\dfrac{V_2}{V_1}$　となる．

例題 5.4　エントロピー計算 4　相変化

圧力，温度ともに一定の条件における準静的な相転移を考える．例えば液体の水を沸騰させて水蒸気に変化させる過程で系の圧力は 1 気圧，温度は 100℃に保つことができる．蒸発の際のエントロピー変化は，蒸発にともなって気体が吸収する熱 ΔH_{vap}を用いて[*9]，

$$\Delta S_{\mathrm{vap}}=\int\frac{\mathrm{d}q}{T}=\frac{\Delta H_{\mathrm{vap}}}{T_{\mathrm{b}}} \qquad (5.25)$$

となる．ただし T_{b}は沸点である．同様に融解にともなうエントロピー変化も，液化にともなって液体が吸収する熱 ΔH_{f}を用いて

$$\Delta S_{\mathrm{fus}}=\frac{\Delta H_{\mathrm{f}}}{T_{\mathrm{f}}} \qquad (5.26)$$

となる．ここで T_{f}は融点である．一般に**蒸発熱**，**融解熱**は正であるので，系の蒸発，または融解にともなってエントロピーが増加することがわかる．

*8　この答えを，断熱変化だから，$\mathrm{d}q=0$，よって $\Delta S=0$ と結論するのは深刻な誤りである．なぜ間違いなのだろうか？

*9　ここでの ΔH_{vap}や ΔH_{f}は通常よく使われる 1 mol あたりの蒸発熱や融解熱に相当するが，ここで使われている熱という言葉の意味をチェックすること．

5-4　多体系におけるエントロピー変化

これまでは，ある二つの状態変数で記述される 1 成分系に関して，内部エネルギーやエントロピーなどの状態量が定義されることを学んだ．この節では，異なる 2 種類以上の系から構成される**多体系**について考えてみよう．

いま二つの異なる系が存在し，それぞれのエントロピーが S_1, S_2である

とする．このときこの多体系のエントロピー S は

$$S = S_1 + S_2 \tag{5.27}$$

と定義される．まず，そもそも異なる系のエントロピーを足すという行為に何の意味があるのだろうか？　実は多体系に関しても 1 成分系と同じように以下の定理が成り立つ．

多体系のエントロピー増大則

2 個の物体からなる系のエントロピーは，断熱変化*10 によって減少することはない．

*10　ここでいう多体系の断熱変化とは，系を構成する物体間での熱のやり取りはあってもよいが，外界からの熱の出入りはない状態での変化をいう．

これから，多体系においてはエントロピーを足し算してその値を比べることにより，断熱変化で移行できるか否かを判定できることがわかる*11．またこれから 1 成分系で得た**平衡条件 I** は多体系においても成立することがわかる．

*11　証明は省略するが，横田伊佐秋著，『熱力学』（岩波書店）1987 年≪物理テキストシリーズ≫に丁寧な証明がある．

5-5　熱力学第三法則

ここまで，エントロピーに関しては，主にその変化量（基準点との差）を議論してきた．基準を決めることで任意の状態でのエントロピーの絶対値が決定できる．プランクは実験に基づき，完全結晶のエントロピーは 0 K でゼロになると結論した．すなわち

$$\lim_{T \to 0} S = 0 \tag{5.28}$$

が成り立つ．これを**熱力学第三法則**という．完全結晶とは欠陥や不純物のない理想的な結晶である．エントロピーの基準値が 0 K でゼロと定まったので，任意の温度におけるエントロピーの絶対値を決定することができる．

例題 5.5　定圧熱容量が C_P であり，その温度依存性が既知の物質がある．一定圧下で，温度が T_0 から T まで増大するときのエントロピー変化を計算せよ．

≪解答≫　定圧変化なので，系に出入りする熱量は C_P を用いて書くことができる．

$$\mathrm{d}S = \frac{\mathrm{d}q}{T} = \frac{C_P \mathrm{d}T}{T} \tag{5.29}$$

これを積分すると

Column　$S=k_B\ln W$？

読者の中には，エントロピーの定義として $S=k_B\ln W$ という関係式を聞いたことがある人がいるのではないだろうか．W は系に許される状態の数を意味する．体積 V の理想気体を考えてみよう．1 個の分子の取りうる状態の数は体積 V に比例すると考えられるので，k を適当な比例定数として状態数は kV 程度と評価できる．よって独立な分子が N 個あるならトータルの状態の数は $W=(kV)^N$ となる．これを用いて**エントロピー計算 3** を行ってみると，$\Delta S=k_B\ln(kV_1)^N-k_B\ln(kV_2)^N=Nk_B\log V_1/V_2$となってテキストの結果に一致することがわかる．$S=k_B\ln W$ は**ボルツマンの原理**と呼ばれ，統計力学で重要な役割を果たす．

しかし，熱力学におけるエントロピー（5.12）とこのボルツマンの原理が整合することを示すのはこのテキストの範囲外である．実際，ボルツマンの原理を覚えても熱力学のエントロピー計算において役立つことはあまりない．これは，地道に基礎を踏み固めないで先走った知識を聞きかじっても実際の役には立たないことの好例であるように思われる．

$$S(T)=S(T_0)+\int_{T_0}^{T}\frac{C_P}{T}\,\mathrm{d}T \tag{5.30}$$

となり，エントロピーの温度依存性が得られる[*12]．

*12　比熱の測定とは，エントロピーの測定にほかならないことがわかる．

例題 5.5 の結果を用いて，任意の気体のエントロピーを求めることができる．エントロピーは状態量であるので，完全結晶（$S=0$）を基準とし，そこから温度 T の気体となるまで変化させたときのエントロピー変化は，変化する経路に依存しない．そこで，0 K の完全結晶を圧力一定の条件で加熱する過程を考える．結晶を加熱すると融点（T_f）で液体となり，最後に沸点（T_b）で気化して温度 T の気体となるとすると，このときの気体のエントロピー変化は，**例題 5.5** とエントロピー計算 4 の結果を利用して

$$S=0+\int_{0}^{T_f}\frac{C_P^{(s)}}{T}\mathrm{d}T+\frac{\Delta H_f}{T_f}+\int_{T_f}^{T_b}\frac{C_P^{(l)}}{T}\mathrm{d}T+\frac{\Delta H_{vap}}{T_b}+\int_{T_b}^{T}\frac{C_P^{(g)}}{T}\mathrm{d}T \tag{5.31}$$

と表される．ここで $C_p^{(s)}$，$C_p^{(l)}$，$C_p^{(g)}$ は固体，液体，気体における定圧熱容量，ΔH_f，ΔH_{vap} は，それぞれ融解熱と蒸発熱を表す．このように，任意の温度における物質のエントロピーを熱容量の測定によって決定することができる．

特に標準状態においてこのようにして測定された物質のエントロピーを**標準エントロピー**と呼び，$S°$という記号で表す．さまざまな物質の $S°$ はデータベースとしてまとめられており，重要ないくつかの例について**扉裏**の表に示す．

例題 5.6 標準状態で 1 mol の塩化水素が単体から生成するときのエントロピー変化を求めよ．

≪解答≫ 化学反応式は

$\frac{1}{2}H_2(g)+\frac{1}{2}Cl_2(g)=HCl(g)$ である．扉裏の標準エントロピーの表を参考にして

$$\Delta S^\circ = S^\circ[HCl(g)] - S^\circ[H_2(g)]/2 - S^\circ[Cl_2(g)]/2$$
$$= 186.7 - 65.3 - 111.5 = 9.9\,(J/Kmol)$$

章末問題

[**5.1**] 体積 V_0，温度 T_0の 1 mol の理想気体を，準静的に体積 V，温度 T の状態に変化させた．この過程におけるエントロピー変化を求めよ．ただし比熱は温度変化しないとする．

[**5.2**] 体積 V_1，温度 T_1の 1 mol の理想気体を，今度は**断熱不可逆的**に体積 V，温度 T の状態に変化させた．この過程におけるエントロピー変化を求めよ．

[**5.3**] エントロピーと気体定数，熱容量の次元を調べ比較せよ．

第6章 ギブズエネルギーと化学ポテンシャル

Introduction

エントロピーという状態量を導入したことにより，「言葉」で書かれていた熱力学第二法則を数学的に記述することが可能になった．それだけではなく，エントロピーは断熱状態における系の平衡条件を与えることができた．しかし，多くの実験は必ずしも断熱系で行われるとは限らず，例えば温度や圧力などの外的条件が一定の場合において系が平衡になる条件に興味がある場合が多い．このためにエントロピーに代わる新しい状態量（ギブズエネルギーと化学ポテンシャル）を導入する．

6-1 ヘルムホルツエネルギーとギブズエネルギー[*1]

まず，内部エネルギーとエントロピーを用いて**ヘルムホルツエネルギー** F を以下の式で定義する[*2]．

$$F=U-TS \tag{6.1}$$

内部エネルギー，温度，エントロピーが状態量であるので，ヘルムホルツエネルギーも状態量であることがわかる．また，温度が示強性変数，内部エネルギーとエントロピーが示量性なので，全体として示量性変数となる．

ここで式（6.1）の両辺の微小変化（微分）を取ると

$$\mathrm{d}F=\mathrm{d}U-\mathrm{d}(TS)=\mathrm{d}U-\mathrm{d}TS-T\mathrm{d}S \tag{6.2}$$

となる．

ここで，これまでに学んだ熱力学第一法則 $\mathrm{d}U=\mathrm{d}q-P\mathrm{d}V$ と，エントロピーの表式 $\mathrm{d}S=\mathrm{d}q/T$ を考える．この2式から熱量変化 $\mathrm{d}q$ を消去すると

$$\mathrm{d}U=T\mathrm{d}S-P\mathrm{d}V \tag{6.3}$$

これは**熱力学の基本式**と呼ばれる重要な式である．さらにこれを式（6.2）の右辺に代入して $\mathrm{d}U$ を消去すると

＊1　ヘルムホルツ（ギブズ）の自由エネルギーと呼ばれることも多い．

＊2　前章の最後で多体系の場合を扱ったが，ここでは再び「1成分系」を考えることにする．

$$dF = -SdT - PdV \tag{6.4}$$

と変形することができる．

例題 6.1　体積 V_0，温度 T の n mol の理想気体が，温度一定のまま準静的に体積が V まで増大した．このときのヘルムホルツエネルギーの変化量を求めよ．また，ヘルムホルツエネルギーの減少分は系が外界にした仕事に一致することを確かめよ．

≪解答≫　式(6.1)を定温変化に適用すると，$\Delta F = \Delta U - T\Delta S$ となる．この過程での内部エネルギー変化はゼロであり，また前章のエントロピー計算1で行ったように，エントロピー変化 ΔS は $nR\ln V/V_0$ となる．したがって $\Delta F = -nRT\ln V/V_0$

また，外界にした仕事 ΔW は，**例題 2.1** で行ったように

$$\Delta W = \int_{V_0}^{V} PdV = \int_{V_0}^{V} \frac{nRT}{V}dV = nRT\ln\frac{V}{V_0}$$

となって，$-\Delta F$ に一致する[*3]．

[*3] 変化の過程が準静変化でないときこの結果は成立しない．なぜか忘れた人は，**例題 2.2** を見ること．

さらに，ヘルムホルツエネルギーから以下の式で新しい状態量を定義しよう．

$$G = F + PV \tag{6.5}$$

ここで G は**ギブズエネルギー**と呼ばれる量である．圧力と体積の積は示量性の状態量なので，G も示量性となる．ギブズエネルギーの微小変化を考えると

$$dG = dF + PdV + VdP \tag{6.6}$$

式 (6.3) を右辺に代入すると

$$dG = -SdT + VdP \tag{6.7}$$

となる．

例題 6.2　ギブズエネルギー G は $H - TS$ と書けることを示せ[*4]．

≪解答≫　$G = F + PV = U - TS + PV = H - TS$ である[*5]．

[*4] $F = U - TS$，$H = U + PV$ は定義である．定義式は覚えるしかない．この例題の結果と合わせて暗記してほしい．

[*5] こちらをギブズエネルギーの定義式にしてもよい．

例題 6.3　体積 V_0，温度 T の n mol の理想気体が，温度一定のまま体積が V まで増大した．このときのギブズエネルギーの変化量を求めよ．

≪解答≫　理想気体の定温変化では PV = 一定だから，$\Delta G = \Delta F$ である．したがって**例題 6.1** より　$\Delta G = -nRT\ln V/V_0$

ここで定義，議論したギブズエネルギーは，系の平衡状態を記述するうえで重要な役割を果たすが，それを議論する前にこれまで出てきた熱力学関数の関係を整理しておこう．

6-2 熱力学の関係式

＊6 この節でも，系の物質量 n は一定であり熱力学量は二つの状態変数で記述されるとする．

熱力学の基本式（6.3）からスタートしよう[*6]．もう一度記すと

$$\mathrm{d}U = T\mathrm{d}S - P\mathrm{d}V \qquad (6.3)$$

である．ここで内部エネルギー U は状態量であるので，U を S と V の関数と見なして全微分をとれば

$$\mathrm{d}U = \left(\frac{\partial U}{\partial S}\right)_V \mathrm{d}S + \left(\frac{\partial U}{\partial V}\right)_S \mathrm{d}V \qquad (6.8)$$

と書くこともできる．微小量 $\mathrm{d}S$ と $\mathrm{d}V$ の取り方は任意だから，式（6.3）と式（6.8）が両立するためには

$$T = \left(\frac{\partial U}{\partial S}\right)_V, \quad -P = \left(\frac{\partial U}{\partial V}\right)_S \qquad (6.9)$$

が成立しなくてはならない．さらに式（6.7）に対し，第1章の式（1.12）で導出した数学公式を用いると

$$\left(\frac{\partial P}{\partial S}\right)_V = -\left(\frac{\partial T}{\partial V}\right)_S \qquad (6.10)$$

が得られる．この式は**マクスウェルの関係式**と呼ばれ，左辺は測定が困難であるのに対し，右辺は測定が容易であることが特長である（S が一定というのは，断熱変化であることを示す）．熱力学を化学へ応用するときにこれらの関係式が用いられる．

ジェームズ・クラーク・マクスウェル
1831年～1879年

類似の関係式が，エンタルピー，ヘルムホルツエネルギー，ギブズエネルギーの微分を考えても得られるが，導出法はまったく同じなのでそれは読者の演習にまかせよう．

例題 6.4 エンタルピー，ヘルムホルツエネルギー，ギブズエネルギーの微小変化はそれぞれ

$$\mathrm{d}H = T\mathrm{d}S + V\mathrm{d}P \qquad (6.11)$$

$$\mathrm{d}F = -S\mathrm{d}T - P\mathrm{d}V \qquad (6.12)$$

$$\mathrm{d}G = -S\mathrm{d}T + V\mathrm{d}P \qquad (6.13)$$

となることを示し，H, F, G は状態量であることを用いて，

$$\left(\frac{\partial H}{\partial S}\right)_P = T, \quad \left(\frac{\partial H}{\partial P}\right)_S = V \qquad (6.14)$$

$$\left(\frac{\partial F}{\partial V}\right)_T = -P, \quad \left(\frac{\partial F}{\partial T}\right)_V = -S \qquad (6.15)$$

$$\left(\frac{\partial G}{\partial P}\right)_T = V,\ \left(\frac{\partial G}{\partial T}\right)_P = -S \tag{6.16}$$

が成り立つことを示せ．また，以下のマクスウェルの関係式

$$\left(\frac{\partial V}{\partial S}\right)_P = \left(\frac{\partial T}{\partial P}\right)_S \tag{6.17}$$

$$\left(\frac{\partial S}{\partial V}\right)_T = \left(\frac{\partial P}{\partial T}\right)_V \tag{6.18}$$

$$\left(\frac{\partial S}{\partial P}\right)_T = -\left(\frac{\partial V}{\partial T}\right)_P \tag{6.19}$$

が成立することを示せ[*7]．

＊7 解答は式 (6.9) と (6.10) の導出法とまったく同じであるので省略するが，必ず自ら手を動かして計算すること．わからないときは必ず先生か友だちをつかまえて聞くこと．

6-3 化学ポテンシャル

最後に，ギブズエネルギーから得られる熱力学量として**化学ポテンシャル**を定義しよう[*8]．これまで熱力学量はすべて物質量 n を固定して考えてきたが，もちろん n の関数であることはいうまでもない．まずギブズエネルギーが T, P, n の関数として書かれているとする．

＊8 これまでにたくさんの熱力学量が出てきたが，これが最後である．

$$G = G(T, P, n) \tag{6.20}$$

ここで温度，圧力一定の下で G を n で偏微分したものを**化学ポテンシャル**と呼び，μ と書くことにする．数式で書くと

$$\mu = \left(\frac{\partial G}{\partial n}\right)_{T,P} \tag{6.21}$$

となる．したがって，物質量の変化を考えなければならない体系のときは，ギブズエネルギーの全微分は

$$\mathrm{d}G(T, P, n) = \left(\frac{\partial G}{\partial T}\right)_{P,n}\mathrm{d}T + \left(\frac{\partial G}{\partial P}\right)_{T,n}\mathrm{d}P + \left(\frac{\partial G}{\partial n}\right)_{T,P}\mathrm{d}n \tag{6.22}$$

となる．また，前節で導いた式（6.16）と式（6.21）を代入すると，

$$\mathrm{d}G(T, P, n) = -S\mathrm{d}T + V\mathrm{d}P + \mu\mathrm{d}n \tag{6.23}$$

が成立することがわかる．

次に述べる二つの化学ポテンシャルの性質は極めて重要であるので注意深くチェックしてほしい．

(1) 化学ポテンシャルの性質 1

ギブズエネルギーは化学ポテンシャルと物質量の積で表される．また化学ポテンシャルは T, P のみの関数で n に依存しない．

[証明]

$G = G(T, P, n)$ において「系の物質量 n を λ 倍する」と，示強性変数

である T, P は変化しないが，示量性変数であるギブズエネルギーは全体が λ 倍にならなくてはならない．したがって

$$\lambda G = G(T, P, \lambda n)$$

となる．これが任意の λ について成立するためには，T と P のみの関数である定数 k を用いて，$G = k \times n$ と書ける必要がある．定義から $\mu = \left(\frac{\partial G}{\partial n}\right)_{T,P}$ であるので，その比例定数は化学ポテンシャルそのものである．以上を数式で表現すると

$$G = \mu(T, P)n \tag{6.24}$$

となる．

よって，化学ポテンシャルは 1 mol あたりのギブズエネルギーに等しいことがわかった．これから化学ポテンシャルのことを**モルギブズエネルギー**と呼ぶことがある．

(2) 化学ポテンシャルの性質 2

ここでは理想気体の化学ポテンシャルを考える．式（6.16）より $\left(\frac{\partial G}{\partial P}\right)_T = V$ が成り立つ．この式を温度一定の下で圧力を変数として P_0 から P まで積分してみる．

$$G(T, P) - G(T, P_0) = \int_{P_0}^{P} V\mathrm{d}P = \int_{P_0}^{P} \frac{nRT}{P}\mathrm{d}P = nRT\ln\frac{P}{P_0}$$

したがって

$$G(T, P) = G(T, P_0) + nRT\ln\frac{P}{P_0} \tag{6.25}$$

となることがわかった．化学ポテンシャルが 1 mol あたりのギブズエネルギーであることを用いると，

$$\mu(T, P) = \mu(T, P_0) + RT\ln\frac{P}{P_0} \tag{6.26}$$

となる．ここで，基準となる標準状態の圧力を $P^\ominus$，$P^\ominus$ における化学ポテンシャルを $\mu^\ominus(T)$（**標準化学ポテンシャル**）とおくと[*9]

$$\mu(T, P) = \mu^\ominus(T) + RT\ln\frac{P}{P^\ominus} \tag{6.27}$$

となることがわかる[*10]．理想気体においては，化学ポテンシャルというわかりにくい量を圧力というわかりやすい量で表すことができる．

＊9　通常は標準状態の圧力を用いる．

＊10　$\mu^\ominus(T)$ という定数が出てきたが不安に思ってはいけない．熱力学とはある基準となる状態からの「差」しかわからない学問である．熱力学では，どの状態量も何か基準となる状態を，必ず誰かがどこかで定義しているはずである．

6-4 平衡条件再論

第5章で，外界と熱や物質のやり取りをしない系（断熱系）[*11] では，系が何か変化が起きるならばエントロピーは必ず増大する（または変化しない）ことを学んだ．すなわち，系のあるパラメータが微小変化したとき，それにより発生するエントロピーの変化量を $\mathrm{d}S$ とすると

$$\mathrm{d}S \geqq 0 \tag{6.28}$$

となり，等号はその変化が準静変化の時に成り立つ．

ここで，温度 T の熱浴に接しており一定温度（T）に保たれている系の変化を考えよう．系は外界とは隔てられており熱浴とのみ熱のやり取りをする．このような状況で，系に何か仮想的な変化を与えたときどうなるだろうか．この系はもちろん断熱系ではないが，系に熱浴まで足してしまえば全体は断熱系になるので式（6.28）を使うことができる．系が熱源から熱 $\mathrm{d}Q$ を得て（または熱源が $\mathrm{d}Q$ を渡して）エントロピーが $\mathrm{d}S$ 変化したとするならば，全体（熱源＋系）のエントロピー変化 $\mathrm{d}\Sigma$ は $\mathrm{d}\Sigma = -\mathrm{d}Q/T + \mathrm{d}S$ で与えられる[*12] ので，式（6.28）より

$$\mathrm{d}\Sigma = -\mathrm{d}Q/T + \mathrm{d}S \geqq 0 \tag{6.29}$$

となる．等号は準静変化の場合である．さらに，熱力学第一法則 $\mathrm{d}U = \mathrm{d}Q - w$ を用いて $\mathrm{d}Q$ を消去し変形すると

$$T\mathrm{d}S - \mathrm{d}U \geqq w \tag{6.30}$$

等温変化ならば $T\mathrm{d}S - \mathrm{d}U = -\mathrm{d}(U - TS) = -\mathrm{d}F$ となるので

$$-\mathrm{d}F \geqq w \tag{6.31}$$

となる．これは，系が外界にすることができる仕事の最大値がヘルムホルツエネルギーの減り分に等しいことを示している．

さらに，温度だけでなく，圧力（P）も一定である状況を考えてみよう[*13]．ここで，系が外界にする仕事を，体積変化による仕事とそれ以外の仕事 w^* に分離してみる．このときは $w = P\mathrm{d}V + w^*$ になるので，式（6.31）は $-\mathrm{d}F \geqq P\mathrm{d}V + w^*$ となり，さらに等圧変化であることを考慮して

$$-\mathrm{d}(F + PV) \geqq w^* \tag{6.32}$$

$$\rightleftarrows \quad -\mathrm{d}G \geqq w^* \tag{6.33}$$

となる．最後の変形では $G = F + PV$ を用いた．これは，定温・定圧変化において，系が外界にすることができる（体積変化によるもの以外の）仕

*11　6-4 節以降では，1成分系ではなく何か複数の系からなる「多体系」を考える．平衡条件1は断熱系であれば多体系においても成立する条件であることに留意する．

*12　第1項は熱源の減少したエントロピー，第2項が注目している系のエントロピーの変化分である．多体系のエントロピーは両者の和で与えられることに注意する．

*13　ここでは多体系を考えていることを忘れずに！閉じた1成分系では，温度と圧力を固定してしまうと何も変える変数がないことに注意しよう．

事がもしあるならば，その最大値はギブズエネルギーの減り分に等しいことを示している．

もしそのような w^* がない場合（外界にする仕事が体積変化によるものだけの場合），式（6.33）は

$$dG \leqq 0 \tag{6.34}$$

となり，定温・定圧下で系が平衡状態から変化するならば，そのギブズエネルギーは必ず減少することがわかる．

このことを言い換えると，定温・定圧下で系が平衡状態にあり，そしてもはや不可逆変化が起きないならば，ギブズエネルギーは極小値を取っていることになる．したがっての系の平衡条件として次が成立する．

ジョサイヤ・ウィラード・ギブズ
1839年～1903年

平衡条件 II

一定温度，一定圧力のもとで系が平衡状態にあるときギブズエネルギーは極小値を取る．

この平衡条件 II は，系が熱浴と接触していても，系のギブズエネルギーの方に注目するだけで平衡を論ずることができる重要な定理であり，化学熱力学において中心的な役割を果たす．

6-5　理想気体の混合によるギブズエネルギー変化

図 6.1 の状態（a）は，温度 T，圧力 P の状態で，物質量が n_1 の理想気体 1 と n_2 の理想気体 2 が混合した状態を表している．ここで，各成分の物質量比 x_1, x_2 を

$$x_1 = \frac{n_1}{n_1 + n_2}, \qquad x_2 = \frac{n_2}{n_1 + n_2} \tag{6.35}$$

と定義すると，各成分気体の分圧 P_1，P_2 は

$$P_1 = x_1 P, \qquad P_2 = x_2 P \tag{6.36}$$

となる．もちろん $P_1 + P_2 = P$ である．

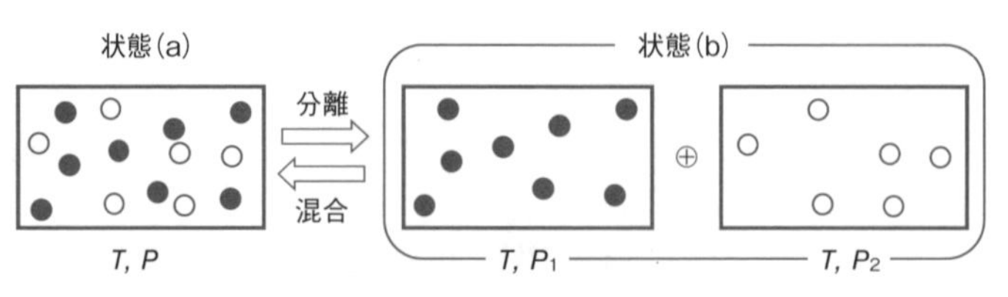

図 6.1　気体の混合の思考実験

この混合理想気体〔状態（a)〕のギブズエネルギー G（a）をどう評価したらいいだろうか．混合している状態だと手がかりがないので，図 6.1 の状態（b）のように「体積と温度は変わらないが圧力が各成分の分圧を持つ二つの状態」に分離した状態を考えてみよう．この状態（b）の全ギブズエネルギー G(b) は各成分気体のギブズエネルギーの和で与えられ，

$$G(\mathrm{b}) = G_1(T, \mathrm{P}_1, n_1) + G_2(T, P_2, n_2) \tag{6.37}$$

となる．

実は理想気体の場合は $\boldsymbol{G}(\mathbf{a}) = \boldsymbol{G}(\mathbf{b})$ であると結論付けることができる．なぜならば，状態（b）の二つの状態を頭の中で重ね合わせ，状態（a）の状態にしても，理想気体は分子間の相互作用がないのでエネルギーの損得や熱のやり取りは何も発生しないからである[*14]．言い換えれば，もし考えている体系が理想気体でなければ $G(\mathrm{a}) = G(\mathrm{b})$ とはとても言えないに違いない．

結局，理想気体の混合状態のギブズエネルギー G(a) は，分離した各成分のギブズエネルギーの和で与えられ，それを $G(T, P, n_1, n_2)$ と書くと

$$G(T, P, n_1, n_2) = G_1(T, P_1, n_1) + G_2(T, P_2, n_2) \tag{6.38}$$

である．これは次章で必要となる大変重要な関係式である．

例題 6.5

$$G(T, P, n_1, n_2) = G_1(T, P, n_1) + G_2(T, P, n_2) + [n_1 RT \ln x_1 + n_2 RT \ln x_2] \tag{6.39}$$

となることを示せ．

≪解答≫　単一成分の状態においては，これまで導出した式（6.25）が使えて

$$\begin{aligned} G_1(T, P_1, n_1) &= G_1(T, P, n_1) + n_1 RT \ln(P_1/P) \\ &= G_1(T, P, n_1) + n_1 RT \ln x_1 \end{aligned} \tag{6.40}$$

気体 2 についても同様に

$$G_2(T, P_2, n_1) = G_2(T, P, n_2) + n_2 RT \ln x_2 \tag{6.41}$$

となる．これらを式（6.38）に代入してまとめると式（6.39）が得られる．式（6.39）の右辺第 3 項のことを**混合のギブズエネルギー**と呼ぶことがある[*15]．

混合状態における各成分気体の化学ポテンシャルはどう表現されるだろうか[*16]．混合状態（a）における気体 1 の化学ポテンシャル $\mu_1 = \mu_1(T, P, n_1, n_2)$ は，状態（b）における気体 1 のモルギブズエネルギーにほかなら

＊14　もっと詳しく述べると，状態（a）と状態（b）の分離・混合は，適当な「半透膜」を用いることにより，無限小の仕事で断熱・準静的に行うことができる．この過程で扱っている気体が理想気体である限り，内部エネルギー，エンタルピー，そしてエントロピーは変化しないことを（容易に）示すことができる．この思考実験の話はたいていの熱力学の本に載っているので，例えば　原島鮮著『熱力学・統計力学』（培風館）や，原田義也著『化学熱力学』（裳華房）などを参照してほしい．

＊15　式（6.38）の両辺の「圧力」は異なっており，右辺は各成分の分圧で書かれていることに注意してほしい．一方式（6.39）では両辺の圧力はともに等しくなっている．その差が混合のギブズエネルギーとなって表れている．

＊16　混合状態では，全体の化学ポテンシャルというものはなく，定義されるのは「混合状態における各成分の化学ポテンシャル」である．

ない．したがって

$$\mu_1(T, P, n_1, n_2) = G_1(T, P_1, n_1)/n_1 \tag{6.42}$$

である．式（6.40）を用いて右辺の P_1 を P へ変換すると

$$\begin{aligned}\mu_1(T, P, n_1, n_2) &= [G_1(T, P, n_1) + n_1 RT \ln x_1]/n_1 \\ &= \mu_1(T, P) + RT \ln x_1 \end{aligned} \tag{6.43}$$

ここで，右辺第1項は，混合状態ではなく純粋状態における化学ポテンシャルであることに注意する．気体2についても同様にして

$$\begin{aligned}\mu_2(T, P, n_1, n_2) &= [G_2(T, P, n_2) + n_2 RT \ln x_2]/n_2 \\ &= \mu_2(T, P) + RT \ln x_2 \end{aligned} \tag{6.44}$$

が得られる．

例題 6.6　混合状態における気体1の化学ポテンシャル式(6.43)は，標準化学ポテンシャル $\mu_1^{\ominus}(T)$ を用いてどう表されるか．

≪解答≫　純粋状態においては，任意の圧力 P において式（6.27）より $\mu_1(T, P) = \mu_1^{\ominus}(T) + RT\ln P/P^{\ominus}$ となる．これを式（6.43）の右辺に代入すると

$$\begin{aligned}\mu_1(T, P, n_1, n_2) &= \mu_1^{\ominus}(T) + RT\ln P/P^{\ominus} + RT \ln x_1 \\ &= \mu_1^{\ominus}(T) + RT[\ln P/P^{\ominus} \cdot x_1] \\ &= \mu_1^{\ominus}(T) + RT[\ln P_1/P^{\ominus}] \end{aligned} \tag{6.45}$$

[*17]

＊17　混合気体の化学ポテンシャルの表し方に，式（6.43）のようにモル分率を用いる方法と，このように分圧を用いて表す方法の二つがあるので混乱しないようにしよう．

例題 6.7　混合状態における気体1の化学ポテンシャル $\mu_1(T, P, n_1, n_2)$ は，混合状態におけるギブズエネルギー $G(T, P, n_1, n_2)$ を n_1 で偏微分したものに等しいことを示せ．

≪解答≫　式（6.39）を n_1 で偏微分したものが式（6.43）になることを示せばよい．

$$\frac{\partial G}{\partial n_1}(T, P, n_1, n_2) = \mu_1(T, P) + RT \ln x_1 + n_1 RT \frac{\partial}{\partial n_1} \ln x_1 + n_2 RT \frac{\partial}{\partial n_1} \ln x_2$$

となる．式（6.35）に注意して偏微分を実行すると，上式の右辺第3項と4項の和はゼロとなることが示される．したがって

$$\frac{\partial G}{\partial n_1} = \mu_1(T, P) + RT \ln x_1 = \mu_1(T, P, n_1, n_2)$$

Column マクスウェルの関係式

熱力学で主役を演じるのは，第二法則から状態量であることが保証される「エントロピー」と，それを変形した「ギブズエネルギー（または化学ポテンシャル）」である．もし第二法則からなにか有益な結論を引き出したいなら，これらの量と正面から向き合うしかない．しかしエントロピーやギブズエネルギーは，その測定や意味づけが困難であることが多く，結論にその姿が残っていると誰もがわかる情報にならないことが多い．そこでその姿を隠すために使われるのがマクスウェルの関係式とそれに付随する式(6.9)，(6.14～6.16)である．これによりエントロピーやギブズエネルギーは温度，体積，圧力，エンタルピー（反応熱）といったわかりやすい量に翻訳されるのである．下の章末問題［6.1］や，次章で扱う現象はその典型的な例である．熱力学の真のヒーローは，敵を倒したあとはその姿を静かに消し去るのである．

章末問題

［**6.1**］ 熱力学の基本式の両辺を温度一定の条件下で dV で割ることにより
$\left(\frac{\partial U}{\partial V}\right)_T = T\left(\frac{\partial S}{\partial V}\right)_T - P$ を導け．さらにマクスウェルの関係式の一つを使って

$$\left(\frac{\partial U}{\partial V}\right)_T = T\left(\frac{\partial P}{\partial T}\right)_V - P \tag{6. 46}$$

が成立することを示せ．式（6.46）を**エネルギーの方程式**と呼ぶことがある．

［**6.2**］ 熱力学関係式の一つである

$$H = -T^2\left(\frac{\partial}{\partial T}\left(\frac{G}{T}\right)\right)_P \tag{6. 47}$$

を示せ．これは**ギブズ・ヘルムホルツの式**と呼ばれる熱力学において極めて重要な関係式である．

［**6.3**］ 図 6.1 において，混合理想気体〔状態（a)〕のエントロピーを $S(\mathrm{a}) = S(T, P, n_1, n_2)$，状態（b）のエントロピーを $S(\mathrm{b}) = S_1(T, P_1, n_1) + S_2(T, P_2, n_2)$ とすると，本章で議論したように $S(\mathrm{a}) = S(\mathrm{b})$ と考えてよい．これを用いて，

$$S(T, P, n_1, n_2) = S_1(T, P, n_1) + S_2(T, P, n_2) - R[n_1 \ln x_1 + n_2 \ln x_2] \tag{6. 48}$$

を導け．この右辺第 3 項は**混合のエントロピー**と呼ぶことがある．

第7章 熱力学の化学への応用

Introduction

最終章であるこの章では，これまでに展開してきたさまざまな熱力学の議論をもとに，読者が高等学校までに習ってきた二つの熱現象（蒸気圧と平衡定数）を「熱力学的に」明らかにする．ここでいう熱力学的とは，熱力学第一法則と第二法則の帰結であるところの「ギブズエネルギーが極小になる」という条件を用いて理解する，という意味である．高等学校までは丸暗記するしかなかったこれらの熱現象を熱力学的に理解することができたならば，本書の目的の大部分は達成されたといえるし，また読者のこれからの化学の学習を支える力となるであろう．

7-1　1成分2相系におけるギブズエネルギー変化

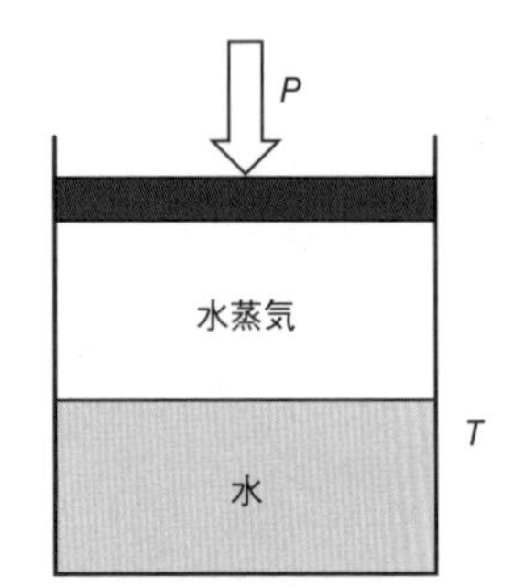

図7.1　定温，定圧における水と水蒸気の共存状態

右図のように，水と水蒸気が共存している系を考える（1成分2相系）．水槽内は熱浴と可動式ピストンにより，一定温度（T），一定圧力（P）に保たれている．系は外界とは隔てられており熱浴とのみ熱のやり取りをすることに注意する．このような状況で系に何か仮想的な変化を与えたときどうなるだろうか．

温度，圧力一定の条件で，仮想的に δn mol の水を水蒸気側に蒸発させたときの水と水蒸気のギブズエネルギーを $G^{(l)}$，$G^{(g)}$，また化学ポテンシャルを μ_l，μ_g とすると，各成分のギブズエネルギー変化 $\delta G^{(l)}$，$\delta G^{(g)}$ は

$$\delta G^{(l)}=\mu^{(l)}(-\delta n)=-\mu^{(l)}\delta n \tag{7.1}$$

$$\delta G^{(g)}=\mu^{(g)}\delta n \tag{7.2}$$

で与えられる[*1]．したがって全体のギブズエネルギー変化は[*1]

$$\delta G=\delta G^{(l)}+\delta G^{(g)}=(\mu^{(g)}-\mu^{(l)})\delta n \tag{7.3}$$

となる．考えているのは，平衡状態からの微小変化なので，ギブズエネルギーの微小変化である δG はゼロでなくてはならない（**平衡条件II**）．よっ

＊1　多体系の熱力学量はそれぞれの成分の和である．

て

$$\mu^{(g)} = \mu^{(l)} \tag{7. 4}$$

であることが結論される．すなわち，一定圧力かつ一定温度の下で平衡状態になっている **2** 相の化学ポテンシャルは互いに等しいことがわかった．これをまとめると

平衡条件Ⅲ

> 一定温度，圧力の下で異なる 2 相が接しているとき，両相の化学ポテンシャルは等しい．

7-2　クラペイロン・クラウジウスの式

図 7-1 のような温度 T，圧力 P のもとで気相と液相が平衡になっている場合，式（7.4）が成立することがわかった．純粋状態の化学ポテンシャルは T と P のみの関数であるから，式（7.4）は T と P の関係を表す 1 本の曲線を表しており，もしこの式の具体的な関数の形がわかれば**蒸気圧の温度依存性**がわかることになるだろう．

この解を表す曲線方向に沿って T と P を微小変化させても，式（7.4）は成り立つ．すなわち

$$\mu^{(l)}(T+\mathrm{d}T, P+\mathrm{d}P) = \mu^{(g)}(T+\mathrm{d}T, P+\mathrm{d}P)$$

となる．これから式（7.4）を辺々引き算すると

$$\mu^{(l)}(T+\mathrm{d}T, P+\mathrm{d}P) - \mu^{(l)}(T, P) = \mu^{(g)}(T+\mathrm{d}T, P+\mathrm{d}P) - \mu^{(g)}(T, P)$$

となる．この右辺および左辺は，それぞれ$\mu^{(l)}(T, P)$，$\mu^{(g)}(T, P)$ の全微分 $\mathrm{d}\mu^{(l)}(T, P)$，$\mathrm{d}\mu^{(g)}(T, P)$ にほかならないから

$$\left(\frac{\partial \mu^{(l)}}{\partial T}\right)_P \mathrm{d}T + \left(\frac{\partial \mu^{(l)}}{\partial P}\right)_T \mathrm{d}P = \left(\frac{\partial \mu^{(g)}}{\partial T}\right)_P \mathrm{d}T + \left(\frac{\partial \mu^{(g)}}{\partial P}\right)_T \mathrm{d}P \tag{7. 5}$$

が得られる．ここで$\left(\frac{\partial \mu}{\partial T}\right)_P$の意味を考えてみよう．純粋物質の化学ポテンシャルは 1 mol あたりのギブズエネルギーにほかならないから，1 mol あたりのエントロピー（**モルエントロピー**）と体積（**モル体積**）を S_m，V_mと書くことにすると，第 6 章で導出した関係式（6.16）から

$$\left(\frac{\partial \mu}{\partial T}\right)_P = -S_\mathrm{m} \tag{7. 6}$$

エミール・クラペイロン
1799年～1864年

$$\left(\frac{\partial \mu}{\partial P}\right)_T = V_{\mathrm{m}} \tag{7.7}$$

であることがわかる．これらを式（7.5）に代入して変形すると

$$-S_{\mathrm{m}}^{(l)}\mathrm{d}T + V_{\mathrm{m}}^{(l)}\mathrm{d}P = -S_{\mathrm{m}}^{(g)}\mathrm{d}T + V_{\mathrm{m}}^{(g)}\mathrm{d}P$$

$$\frac{\mathrm{d}P}{\mathrm{d}T} = \frac{S_{\mathrm{m}}^{(g)} - S_{\mathrm{m}}^{(l)}}{V_{\mathrm{m}}^{(g)} - V_{\mathrm{m}}^{(l)}} \tag{7.8}$$

この式の右辺の分子の水と水蒸気のモルエントロピーであるが，エントロピー計算4で計算したように，相変化のエントロピー変化は1 molあたりの蒸発熱ΔH_{vap}で評価できるので，それを用いると

$$S_{\mathrm{m}}^{(g)} - S_{\mathrm{m}}^{(l)} = \Delta H_{\mathrm{vap}}/T$$

と評価できる．まとめると式（7.8）は

$$\frac{\mathrm{d}P}{\mathrm{d}T} = \frac{\Delta H_{vap}}{T(V_{\mathrm{m}}^{(g)} - V_{\mathrm{m}}^{(l)})} \tag{7.9}$$

というきれいなかたちの関係式に変形された．これを**クラペイロン・クラウジウスの式**（あるいは単に**クラペイロンの式**）という．式の右辺は，すべて測定が容易な物理量であり，この微分方程式から蒸気圧の温度依存性を知ることができる[*2]．

＊2　クラペイロンの式の導出にとって重要な熱力学量は両相の化学ポテンシャル（モルギブズエネルギー）であったが，最終的な表式からはその姿が消えてしまっている．どのように隠したのかについて注意してみよう．

式(7.9)をもう少しわかりやすく変形してみよう．水蒸気のモル体積は，水のモル体積よりも圧倒的に大きいこと，および理想気体の状態方程式を用いて式（7.9）の分母は

$$V_{\mathrm{m}}^{(g)} - V_{\mathrm{m}}^{(l)} \sim V_{\mathrm{m}}^{(g)} = \frac{RT}{P}$$

と近似できる．これを代入すると

$$\frac{\mathrm{d}P}{\mathrm{d}T} = \frac{\Delta H_{vap} P}{RT^2}$$

$$\rightleftarrows \frac{\mathrm{d}\ln P}{\mathrm{d}T} = \frac{\Delta H_{vap}}{RT^2} \tag{7.10}$$

この式は蒸発熱が温度によらないときは簡単に積分できる．状態（T_0, P_0）から状態（T, P）まで積分すると

$$\ln P - \ln P_0 = \frac{\Delta H_{vap}}{R}\int_{T_0}^{T}\frac{\mathrm{d}T}{T^2}$$

$$\ln\frac{P}{P_0} = \frac{\Delta H_{vap}}{R}\left(\frac{1}{T_0} - \frac{1}{T}\right) \tag{7.11}$$

のようになり，蒸気圧の温度依存性を得ることができた．これもクラペイロン・クラウジウスの式と呼ぶことがある．

7-3 化学反応と平衡定数

例として，アンモニア分子の平衡反応

$$\frac{1}{2}N_2(g)+\frac{3}{2}H_2(g)=NH_3(g) \tag{7.12}$$

を考えよう．平衡状態における窒素，水素，アンモニアの分圧をそれぞれ P_{N2}，P_{H2}，P_{NH3}とするとき，

$$K_P=\frac{[P_{NH3}/P^{\ominus}]^1}{[P_{N2}/P^{\ominus}]^{1/2}[P_{H2}/P^{\ominus}]^{3/2}} \tag{7.13}$$

と定義される量K_pを，**圧平衡定数**と呼ぶ．ここで，$P^{\ominus}$はある基準となる標準状態の圧力である[*3]．高等学校では，K_pは温度が一定である限り一定の値を取ることを学んだ．これを特に**質量作用の法則**と呼ぶ．

本節の目的は，高等学校で導入されたこの圧平衡定数の性質を熱力学的に理解することである．特に大学の化学においては，平衡定数はさまざまな分野でそのかたちを変えて出現する基本的かつ重要な量であり，その正確な理解が極めて重要である．

いまアンモニアの反応が温度T，圧力Pの下で平衡状態にあるとする．これは各成分気体が混合した状態であり，その全ギブズエネルギーは，各成分を理想気体と見なせる限り

$$G(T,P,n_{N2},n_{H2},n_{NH3})=G_{N2}(T,P_{N2},n_{N2})+G_{H2}(T,P_{H2},n_{H2})$$

$$+G_{NH3}(T,P_{NH3},n_{NH3}) \tag{7.14}$$

のように各成分（純粋状態）の和で書けることを6章の式（6.38）で議論した．各成分の化学ポテンシャルで書くと

$$G(T,P,n_{N2},n_{H2},n_{NH3})=\mu_{N2}(T,P_{N2})\cdot n_{N2}$$

$$+\mu_{H2}(T,P_{H2})\cdot n_{H2}+\mu_{NH3}(T,P_{NH3})\cdot n_{NH3} \tag{7.15}$$

となる．

この反応が生成系に向かって仮想的に進行し，NH_3が$\delta\xi$molできたとしよう．このとき，N_2は$\frac{1}{2}\delta\xi$mol，H_2は$\frac{3}{2}\delta\xi$mol減少する[*4]．この仮想的な進行状態でのギブズエネルギー変化δGを評価してみよう．式（7.15）より

$$\delta G=\mu_{N2}(T,P_{N2})\delta n_{N2}+\mu_{H2}(T,P_{H2})\delta n_{H2}+\mu_{NH3}(T,P_{NH3})\delta n_{NH3}$$

となる．反応進行度$\delta\xi$を用いると

＊3　このとき分子と分母にある分圧は基準となる圧力で割られているため，次元（単位）を持たないことに注意しよう．したがって，このテキストでは圧平衡定数は無次元量であるとする．

＊4　この$\delta\xi$を**反応進行度**と呼ぶことがある．

$$\delta G = -\mu_{N2}(T, P_{N2})\frac{1}{2}\delta\xi - \mu_{H2}(T, P_{H2})\frac{3}{2}\delta\xi + \mu_{NH3}(T, P_{NH3})\delta\xi$$

$$= \left[-\frac{1}{2}\mu_{N2}(T, P_{N2}) - \frac{3}{2}\mu_{H2}(T, P_{H2}) + \mu_{NH3}(T, P_{NH3})\right]\cdot\delta\xi$$

と書ける[*5]．平衡状態ではギブズエネルギーは極小値を取るはずだから，左辺の δG はゼロにならなくてはならない（**平衡条件 II**）．したがって

$$\left[-\frac{1}{2}\mu_{N2}(T, P_{N2}) - \frac{3}{2}\mu_{H2}(T, P_{H2}) + \mu_{NH3}(T, P_{NH3})\right]\cdot\delta\xi = 0$$

いま $\delta\xi$ の取り方は任意なので，これが常に成り立つためには

$$-\frac{1}{2}\mu_{N2}(T, P_{N2}) - \frac{3}{2}\mu_{H2}(T, P_{H2}) + \mu_{NH3}(T, P_{NH3}) = 0 \quad (7.16)$$

となることがわかる．

ここで式（7.16）の左辺の化学ポテンシャルの項を評価しよう．平衡状態に関与している気体はすべて理想気体であるので，式（6.27）より化学ポテンシャルを分圧そのものを用いて表すことができる．例えばアンモニアにおいては

$$\mu_{NH3}(T, P_{NH3}) = \mu^{\ominus}{}_{NH3}(T) + RT\ln P_{NH3}/P^{\ominus} \quad (7.17)$$

となる．$\mu^{\ominus}{}_{NH3}(T)$ は，アンモニアの標準化学ポテンシャルであり，温度のみの関数である．水素，窒素についても同様であり，それらをすべて式（7.16）に代入し，化学ポテンシャルを消去して変形すると

$$\mu^{\ominus}{}_{NH3} - \frac{1}{2}\mu^{\ominus}{}_{N2} - \frac{3}{2}\mu^{\ominus}{}_{H2} = -RT\ln\frac{[P_{NH3}/P^{\ominus}]^1}{[P_{N2}/P^{\ominus}]^{1/2}[P_{H2}/P^{\ominus}]^{3/2}}$$

$$= -RT\ln K_p$$

となって，右辺に圧平衡定数 K_p が**対数の形**で出現することがわかった．

さて，この左辺は，反応に関与する各気体の標準化学ポテンシャルを，反応の係数をかけて生成系と原系の差を取ったものとなっており，このアンモニアの生成反応実験をする前からわかっている量である．ここで，**標準ギブズエネルギー変化**と呼ばれる $\Delta G°$ を次式で定義する．

$$\Delta G° = \mu^{\ominus}{}_{NH} - \frac{1}{2}\mu^{\ominus}{}_{N2} - \frac{3}{2}\mu^{\ominus}{}_{H2} \quad (7.18)$$

まとめると，標準ギブズエネルギー変化 $\Delta G°$ と圧平衡定数の間には，

$$\Delta G° = -RT\ln K_p \quad (7.19)$$

または同じことだが

$$K_p = \exp(-\Delta G°/RT) \quad (7.20)$$

＊5　第6章で詳述したように，理想気体の全体のギブズエネルギーは成分気体が単独であると思ったときのギブズエネルギーの和で与えられる．ただしその時の各成分の化学ポテンシャルの引数である圧力は分圧であることに注意する．もちろん温度は全体の温度 T に等しい．

という簡単な関係式があることがわかった．これから圧平衡定数は温度のみの関数であることがわかる．以上の議論を一般的にまとめてみよう．一般の化学反応式を第3章と同様に $0=\sum_i \nu_i A_i$ と書くと，上の議論とまったく同様に圧平衡定数 K_p が

$$K_P = \prod_i \left(\frac{P_i}{P^\ominus}\right)^{\nu_i} \tag{7.21}$$

と定義され，標準ギブズエネルギー変化 $\Delta G° = \sum_i \nu_i \mu^\ominus_i$ を用いて $K_p = \exp(-\Delta G°/RT)$ と表されることがわかる．

例題 7.1　これまでの議論で，「系が理想気体から構成される」ことはどこで用いられていたか確認せよ．

≪解答≫　一つは式（7.17）の導出で理想気体の状態方程式を使っている．しかしもっと重要なのは，そもそも混合のギブズエネルギーを評価するときに理想気体であることを用いていることである．その点に注意して，もう一度導出の過程を振り返ってみよう．

例題 7.2　アンモニアの平衡反応で，濃度平衡定数 K_c を

$$K_C = \frac{[n_{NH3}/V]^1}{[n_{N2}/V]^{1/2}[n_{H2}/V]^{3/2}} \tag{7.22}$$

で定義する．濃度平衡定数も温度のみの関数であることを示し，圧平衡定数とどのような関係にあるか調べよ．

≪解答≫　理想気体を考えているので，理想気体の状態方程式より，気体の各成分について $n_i/V = P_i/RT$ である．K_c の式に代入して

$$K_C = \frac{[P_{NH3}/RT]^1}{[P_{N2}/RT]^{1/2}[P_{H2}/RT]^{3/2}} = \frac{[P_{NH3}/P^\ominus]^1}{[P_{N2}/P^\ominus]^{1/2}[P_{H2}/P^\ominus]^{3/2}}$$

$$= K_P \frac{RT}{P^\ominus}$$

K_p が温度だけの関数なので，K_c も温度のみの関数である．同様にして一般に

$$K_C = K_P \left(\frac{RT}{P^\ominus}\right)^{-\sum \nu_i} \tag{7.23}$$

であることがわかる．

7-4　標準生成ギブズエネルギー

前節で標準ギブズエネルギー変化 $\Delta G°$ がわかれば，知りたい化学反応の平衡定数が求められることがわかった．では $\Delta G°$ をどのように求めたらよいのだろうか．

温度一定の条件下では明らかに　$\Delta G^\circ = \Delta H^\circ - T\Delta S^\circ$　が成立する．ここで，ΔH°は第3章で定義した標準エンタルピー変化，またΔS°は第5章で定義した標準エントロピーから計算できる標準状態からのエントロピー変化である．この両者の値をデータベースから調べればΔG°がわかる．

例題 7.3　標準状態におけるアンモニア生成反応におけるΔH°とΔS°はいくらか．またΔG°はいくらか．有効数字3桁で計算せよ．
≪解答≫　ΔH°はアンモニアの標準生成エンタルピーに等しいので，$\Delta H^\circ = -46.19$(kJ/mol) である．一方$\Delta S^\circ = 192.5 - 191.5 \times 1/2 - 130.6 \times 3/2 = -99.15$(J/mol) となるので，
$\Delta G^\circ = -46.19 - (273.15 + 25) \times (-99.15)/1000 = -16.6$(kJ/mol)

例題 7.4　例題7.3の結果を用いて，アンモニアの生成反応の圧平衡定数を求めよ．有効数字3桁で計算せよ．
≪解答≫　$K_p = \exp(-\Delta G^\circ/RT) = 8.20 \times 10^2$

ここで，エンタルピーのときと同様に，標準状態にある1 molの化合物が，同じく標準状態にあるその単体から生成するときのギブズエネルギー変化を**標準生成ギブズエネルギー**と呼び，ΔG_f°という記号で表す．前節で扱ったアンモニアの生成反応は単体からの反応であったので，$\Delta G_f^\circ = \Delta G^\circ$である．$\Delta G_f^\circ$も，**例題 7.3**と同じように標準エンタルピー変化ΔH°と標準エントロピーの変化ΔS°から求めることができ，この値もデータベースとしてまとめられている[*6]．ΔG_f°の値がわかれば，ΔH_f°やΔS°まで戻らなくても考えている反応の標準ギブズエネルギー変化を求めることができる．**扉裏の表**に代表的な物質のΔG_f°の値をまとめておく．

*6　日本語だと紛らわしいのだが，標準ギブズエネルギー変化ΔG°と標準生成ギブズエネルギーΔG_f°の違いを区別しよう．ΔG_f°はデータベース化されている量であり，それを用いてΔG°（同じことだが平衡定数）を得ることができる．

例題 7.5　エチレンに水素を付加させてエタンを得る化学反応の標準ギブズエネルギー変化を求めよ．
≪解答≫　$C_2H_4(g) + H_2(g) = C_2H_6(g)$ である．データベースによると，$C_2H_4(g)$ と $C_2H_6(g)$ のΔG_f°はそれぞれ68.12(kJ/mol)，-32.93(kJ/mol) である[*7]．よって
$\Delta G^\circ = -32.93 - (68.12 + 0) = -101.1$(kJ/mol)

*7　単体である水素のΔG_f°はもちろんゼロである．また，ΔG°が得られたということはK_pがわかったのと同じであることを忘れずに．

以上で議論したように，ある化学反応における平衡定数の値は，データベースを見て標準ギブズエネルギー変化を調べれば，実際に反応の実験をするまでもなく知ることができることがわかった．

読者は第3章でヘスの法則を学んだ．これは熱力学第一法則の帰結であり，これにより任意の化学反応で発生する反応エンタルピー（発熱量）

を実験することなく知ることができた．これはたしかに重要な知見であるが，これに比べて平衡定数の概念はどうだろうか．これは熱力学第一および第二法則の帰結であり，これにより任意の化学反応が進行するかしないかという化学（科学）において最も重要な知見を，実験をすることなく知ることができるというのである．これは（二つの法則の力を借りているだけに）ヘスの法則よりもはるかに強力な熱力学の成果の一つであるといえると同時に，すべての理系学生が熱力学を学ばなくてはいけない理由を明確に示しているといえよう[*8]．

*8　読者は現在までにさまざまな物理・化学（力学，電磁気学，量子化学など）の勉強をしてきた（またはしている）と思うが，それらの勉強から圧平衡定数の概念に匹敵するほど重要な科学の知見をはたして得られているのか，自問自答せよ．

7-5　平衡定数の定性的意味

標準状態において，窒素の酸化反応

$$\frac{1}{2}\mathrm{N_2(g)} + \mathrm{O_2(g)} = \mathrm{NO_2(g)}\,;\ \Delta H = 33.18\ \mathrm{kJ/mol} \qquad (7.24)$$

を考えてみよう．この反応を見てどのように感じられるだろうか？　まず反応エンタルピーの値を見て，この反応が吸熱反応であることがわかる．また反応が右に進行すれば全分子数が減少することもわかるだろう．さらにわれわれはこの反応が平衡になったとき，NO_2がどれくらいできるかを計算することもできる．データベースによるとこの反応の$\Delta G^\circ = 51.3$ kJ/molであるので，$K_\mathrm{p} = \exp(-\Delta G^\circ/RT) = 1.15 \times 10^{-9}$となり，この反応の平衡定数は絶望的に小さい（すなわちこの反応は進まない）こともわかるであろう．

実はこれまでの議論から，この結論を定性的に理解することができる．吸熱反応というのはエネルギー（エンタルピー）が高い状態に進行するという意味なので，式（7.24）はエンタルピー的に進行が困難な反応[*9]である．それだけでなく，式（7.24）は分子数が減る反応なので，反応が進むと全体のエントロピーが減少してしまう[*10]．すなわちエントロピー的にも反応の進行が困難である．すなわち熱力学的にいって反応（7.24）は左辺の原系が圧倒的に安定であり，この反応が生成系へ進む理由は最初からなかったのである[*11]．平衡定数はこのことを定量的に表現しているのである．

*9　力学的には物体が空中に浮いたり（位置エネルギーの増大），止まっている物体がいきなり動き出したり（運動エネルギーの増大）することに相当する．

*10　理想気体のエントロピーは分子数に比例する．また気体のエントロピーは分子の種類によってそれほど大きく変わらない．

*11　このことはギブズエネルギーを考えるともっとよくわかる．平衡定数の表式では，反応が進行したときの系のギブズエネルギー変化ΔG°の符号を変えたものが指数の肩に乗っているので，ΔG°が大きくなってしまうと反応が起きにくくなる．定温定圧下では$\Delta G = \Delta H - T\Delta S$なので，もし反応が進行すると$\Delta H$が増大し$\Delta S$は減少するならば，その平衡定数は小さくなる（同じことだが反応が進みにくい）ことがわかる．

7-6　圧平衡定数の温度依存性

前節で，ある化学反応があったとき，標準状態の圧平衡定数を求める方法を習った．次に任意の温度において圧平衡定数の値がどうなるかを調べよう．まず章末問題［6.2］で導出したギブズ・ヘルムホルツの式から始める．再掲すると

Column 逃散能と活量

本章では理想気体の圧平衡定数とは何かについて説明した．本文でも強調したように，その導出にあたっては反応系が理想気体から構成されていることが本質であった．現実の系に平衡定数の考え方を適用するにはどうしたらよいだろうか．一般に行われる処方箋は，平衡定数の導出にあたって本質的な役割を果たした化学ポテンシャルの式（6.27）において，この式中の分圧を現実の系における「分圧のような量」で置き換えてやることである．この「分圧のような量」は，実在気体では**逃散能**，溶液系では**活量**などと呼ばれ，何か圧力のようなものをイメージさせる訳語になっている．

$$H = -T^2 \left\{ \frac{\partial}{\partial T}\left(\frac{G}{T}\right) \right\}_P \tag{7.25}$$

ある化学反応があり，温度が同じであるが原系しかない状態と生成系しかない状態を考えたとき，ギブズ・ヘルムホルツの式で標準圧力下で両者の差を取ると

$$\Delta H^\circ = -T^2 \left\{ \frac{\partial}{\partial T}\left(\frac{\Delta G^\circ}{T}\right) \right\}_P$$

となる．$\Delta G^\circ = -RT \ln K_p$を代入して整理すると

$$\frac{\Delta H^\circ}{RT^2} = \left(\frac{\partial \ln K_P}{\partial T}\right)_P \tag{7.26}$$

であることがわかり，圧平衡定数の（対数の）温度依存性を数式で表すことができた．

ここで，標準生成エンタルピーΔH°の符号は，考えている反応が発熱反応か吸熱反応かによって変わることに注意しよう．もし発熱反応（$\Delta H^\circ < 0$）なら，K_pは温度に対して単調減少関数であることがわかるので，系の温度を上げると反応は原系に進むことがわかる．また逆に吸熱反応なら，温度に対して増加関数となり，温度を上げると反応は生成系に進むであろう．これを**ル・シャトリエの法則**と呼ぶ．

もしΔH°が温度によらなければ，これを積分することができる．T_0をある基準の温度として

$$\ln K_P = \int_{T_0}^{T} \frac{\Delta H^\circ}{RT^2}\,\mathrm{d}T$$

$$= \frac{\Delta H^\circ}{R}\left(\frac{1}{T_0} - \frac{1}{T}\right) \tag{7.27}$$

となり，圧平衡定数が温度に対してどう変化するのかを数式で表現することができる．

章末問題

[**7.1**] A 君は，標準状態で水素と酸素を混合する実験をしたところ，単に混合気体となるだけで水はほとんどできなかった．このことから，水素と酸素から水を生成させる反応の平衡定数の値はゼロであると結論した．このA君の結論に関して論ぜよ．

[**7.2**] アンモニアの平衡反応 $\frac{1}{2}N_2(g)+\frac{3}{2}H_2(g)=NH_3(g)$ において，系の温度を増大させたとき，反応はどちらに進むか．

[**7.3**] アンモニアの生成が発熱反応か吸熱反応かを覚えていなかったA君は試験で上の問題に答えることができなかった．しかしB君は，A君と同じく反応熱の符号を覚えていなかったにもかかわらず，正解することができた．その理由を推理してみよ．

Appendix

反応速度論

Introduction

化学反応を用いて反応物Aから生成物Pを効率良く得るためには，**化学平衡**と**反応速度**について考える必要がある．**化学平衡**は組み合わせる反応物の種類と反応温度によって決定される**平衡定数**を与え，Aが最終的に何%Pに変換されるかを見積もるために必要である．一方，**反応速度**は定めた反応条件下でPがどれくらいの速さで生成するかを知るために必要である．本Appendixでは，分子同士の衝突と反応速度との関係，反応速度に及ぼす「濃度」「温度」「触媒」の影響および反応機構からの反応速度式の導出について解説し，反応速度に関する基礎的考え方の修得をめざす．

A-1 反応速度とは

反応速度とは，化学反応における単位時間当たりの生成物の増加量あるいは反応物の減少量を意味する[*1]．アンモニアの合成反応

$$N_2 + 3H_2 \longrightarrow 2NH_3$$

の反応速度を，各分子の物質量を用いて以下のように表してみる．

$$R_{N_2} = -\frac{dn_{N_2}}{dt} \qquad R_{H_2} = -\frac{dn_{H_2}}{dt} \qquad R_{NH_3} = \frac{dn_{NH_3}}{dt}$$

N_2 1分子と H_2 3分子から NH_3 2分子が生成するため，このままでは $R_{N_2} \neq R_{H_2} \neq R_{NH_3}$ となる．そこで通常はこれらの速度を化学反応式中の**化学量論係数**で割ったものを，反応速度 R とする．

$$R = R_{N_2} = \frac{1}{3} R_{H_2} = \frac{1}{2} R_{NH_3}$$

各物質の減少量や増加量は，ここで用いた物質量（n）だけでなく，濃度，圧力，質量などで表してもよい．

＊1　反応速度は，反応物分子が空間的に移動する速度ではなく，他の分子へと変換され割合が減っていく速さのことを指すので，英語ではvelocityではなく，rateで表す．

A-2　衝突論

A-2-1　分子同士の衝突数

化学反応が二つの分子間で進行する場合，分子同士はある距離まで近づかなければならない．これは分子同士の衝突とみなせる．したがって単位時間当たりの衝突数を知ることは，反応速度を見積もる上で重要な意味を持つ．気相反応における分子同士の衝突数は，**気体分子運動論**[*2]を用いて以下のように求めることができる．

*2　A-2では，気体分子運動論に基づいた考え方で反応速度を説明しているが，気体分子運動論の詳細については本書の範囲外であるので，他の成書を参考のこと．

反応物が1種類の場合

$$\mathrm{A} + \mathrm{A} \longrightarrow \mathrm{P}$$

図A.1に示すように，分子Aが左から右へと平均速度 $\bar{v}$(m s^{-1}) で移動している．その進行方向上に別のA分子が静止しているとすると，移動してくるA分子と衝突する可能性がある．A分子を半径 r_A(m) の球とみなすと，図中点線で示した半径 $2r_\mathrm{A}$の円筒形の内側に中心を持つA分子（赤）は衝突し，それより外側にいるA分子（黒）は衝突しないと考えられる．1 m^{3}中のA分子の数を n_A(m^{-3}) とすると，t 秒間に一つのA分子が他の静止したA分子と衝突する回数 Z_t は，長さ $\bar{v}t$(m) の円筒の中に中心を持つA分子（赤）の総数に相当する．$r_\mathrm{AA}=2r_\mathrm{A}$とすると

$$Z_t=\pi r_\mathrm{AA}^2\bar{v}tn_\mathrm{A}$$

と表せる．このとき円筒の底面積 πr_AA^2を**衝突断面積**と呼ぶ．

一方，他のA分子も動いており，その速度も考慮すると，平均相対速度は $\sqrt{2}\,\bar{v}$ となる．また，平均速度 $\bar{v}$ はボルツマン分布より，

$$\bar{v}=\sqrt{\frac{8RT}{\pi M}}\quad (\mathrm{m\ s^{-1}})\quad M\text{は分子量}$$

である．以上より1個のA分子が1秒当たりに衝突する回数は，

$$Z=Z_t/t=\pi r_\mathrm{AA}^2\sqrt{2}\sqrt{\frac{8RT}{\pi M}}\,n_\mathrm{A}=4n_\mathrm{A}r_\mathrm{AA}^2\sqrt{\frac{\pi RT}{M}}\quad (\mathrm{s^{-1}})$$

1 m^{3}当たり，すべてのA分子同士が衝突する回数 Z_{AA}は，

$$Z_\mathrm{AA}=Z\times n_\mathrm{A}\times\frac{1}{2}=2n_\mathrm{A}^2r_\mathrm{AA}^2\sqrt{\frac{\pi RT}{M}}\quad (\mathrm{m^{-3}s^{-1}})\qquad (\mathrm{A.1})$$

となる．ここで2で割ったのは，一つの衝突に対して二つのA分子から

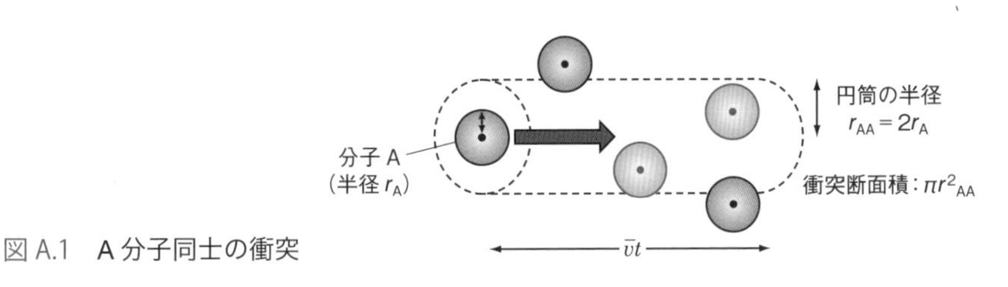

図A.1　A分子同士の衝突

重複して数えているためである．

反応物が2種類の場合

$$\mathrm{A} + \mathrm{B} \longrightarrow \mathrm{P}$$

$r_{AB}=r_A+r_B$とすると衝突断面積はπr_{AB}^2と表せる．平均相対速度は，**換算質量**μ*3を用いて，

$$\sqrt{\frac{8RT}{\pi\mu}} \quad (\mathrm{m\ s^{-1}})$$

*3 μの定義

$$\frac{1}{\mu}=\frac{1}{M_A}+\frac{1}{M_B}$$

（M_A，M_BはAとBの分子量）

これより，1個のA分子が1秒当たりにB分子と衝突する回数は，

$$Z=\pi r_{AB}^2\sqrt{\frac{8RT}{\pi\mu}}\,n_B=n_B r_{AB}^2\sqrt{\frac{8\pi RT}{\mu}} \quad (\mathrm{s^{-1}})$$

1 m³当たりのA-B間すべての衝突回数Z_{AB}は以下のようになる．

$$Z_{AB}=n_A Z=n_A n_B r_{AB}^2\sqrt{\frac{8\pi RT}{\mu}} \quad (\mathrm{m^{-3}s^{-1}}) \tag{A.2}$$

A-2-2 反応が起こるための条件

分子同士が衝突しても必ず反応するとは限らない．反応が起こるためには，衝突の際に次の二つの条件を満たす必要がある．

①分子がある大きさ以上のエネルギーを持つこと

②分子内の特定の部位に適切な角度で衝突すること

①で必要とされる最低限のエネルギーは**活性化エネルギー**(E_a)と呼ばれ，図A.2に示すように**遷移状態**と反応系のエネルギー差に相当する．

E_a以上のエネルギーを持つ分子の割合は，ボルツマン分布より，

$$\frac{n_{E>Ea}}{n}=\exp\left(-\frac{E_a}{RT}\right)$$

で与えられる．

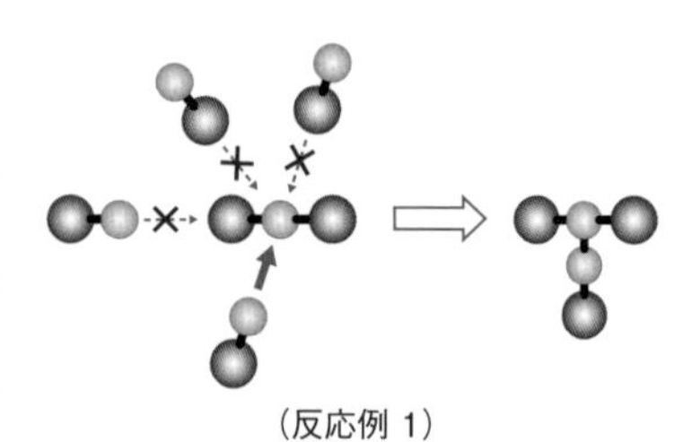

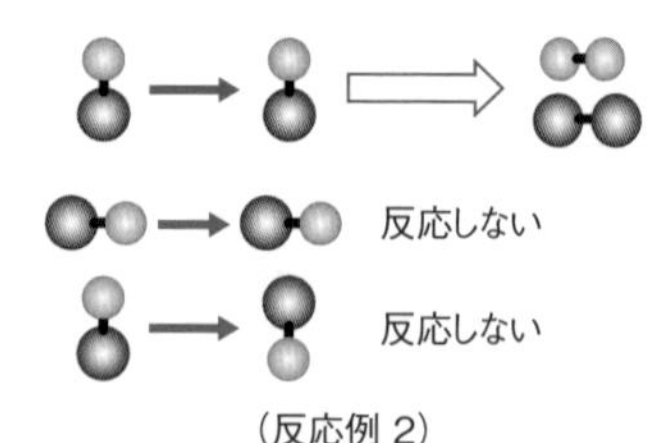

図 A.3 衝突における分子の配向と反応

一方，図A.3に示すように，分子間で反応が進行するためには，反応に関与する部位同士が接触できるような配向で衝突する必要がある．そこで，そのような特定の配向で衝突が起こる確率を意味する立体因子p（通常0〜1）による補正を行う*4．pは反応によって大きく異なり，ほぼ1である場合もあれば，10^{-5}より小さい場合もある．①および②の二つの因子を加えると，反応速度は衝突数Z（上記Z_{AA}，Z_{AB}など）を用いて以下

*4 pの正確な値は予測困難であり，実験により求められている．

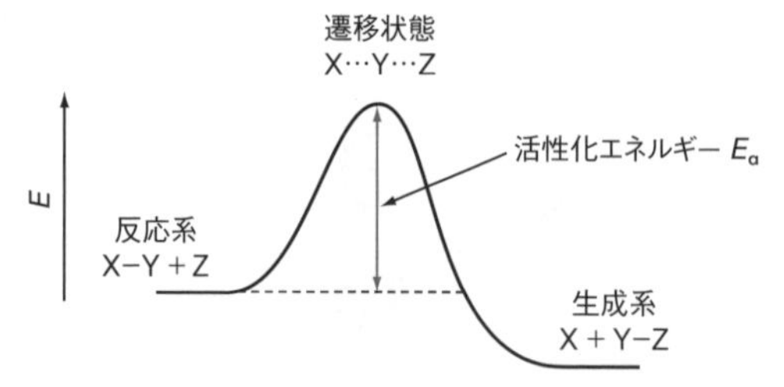

図 A.2 ポテンシャルエネルギー曲線

のように表せる．

$$R = pZ\exp\left(-\frac{E_a}{RT}\right) \tag{A.3}$$

A-3　反応速度と濃度

反応速度を支配するおもな因子は，反応物の**濃度**，反応**温度**および**触媒**である．ここではまず，**反応物の濃度**（気体の場合は**分圧**）の影響について考える．

A-3-1　微分型反応速度式

通常，$a\mathrm{A}+b\mathrm{B} \longrightarrow p\mathrm{P}+q\mathrm{Q}$ などで表される化学反応は，いくつかの簡単な過程の組み合わせで進行する．このとき用いられる，「それ以上分けられない簡単な過程」を**素反応**という．素反応においては，反応速度は反応物の濃度に比例する．例えば上記の反応が素反応ならば，反応速度は速度定数 k を用いて以下のように表される．

$$R = -\frac{1}{a}\frac{\mathrm{d}[\mathrm{A}]}{\mathrm{d}t} = k[\mathrm{A}]^a[\mathrm{B}]^b$$

これを，**微分型の反応速度式**と呼ぶ．

ここで，$n(=a+b)$ を**反応次数**，この反応を **n 次反応**という．次に典型的な素反応に対する反応速度式について述べる．

A-3-2　1次反応

1次反応には，以下の2種類が考えられる．

$\mathrm{A} \longrightarrow \mathrm{P}$　　異性化

$\mathrm{A} \longrightarrow \mathrm{P}+\mathrm{Q}+\cdots$　　分解

これらに対する微分型反応速度式はいずれも次のようになる．

$$R = -\frac{\mathrm{d}[\mathrm{A}]}{\mathrm{d}t} = k[\mathrm{A}]$$

これを積分すると，

$$\int \frac{\mathrm{d}[\mathrm{A}]}{[\mathrm{A}]} = -k\int \mathrm{d}t$$

$$\ln[\mathrm{A}] = -kt + 定数$$

ここで，反応開始時 $(t=0)$ における A の濃度を $[\mathrm{A}]_0$（初濃度）とすると，定数 $=\ln[\mathrm{A}]_0$ となり，**積分型反応速度式**が得られる．

$$\ln\frac{[\mathrm{A}]}{[\mathrm{A}]_0} = -kt \tag{A.4}$$

A-3-3 2次反応

反応物がAのみである2次反応には，例えば次の二つの場合などが考えられる．

$2A \longrightarrow P+Q$ 不均化

$2A \longrightarrow P$ 二量化

微分型反応速度式はいずれも

$$R=-\frac{1}{2}\frac{\mathrm{d}[\mathrm{A}]}{\mathrm{d}t}=k[\mathrm{A}]^2$$

であり，A-3-2と同様に積分型反応速度式を求めると，以下のようになる．

$$\frac{1}{[\mathrm{A}]}-\frac{1}{[\mathrm{A}]_0}=2kt \tag{A.5}$$

AとBとの反応による2次反応について考える．

$A+B \longrightarrow C+D$

微分型反応速度式は，

$$R=-\frac{\mathrm{d}[\mathrm{A}]}{\mathrm{d}t}=k[\mathrm{A}][\mathrm{B}]$$

時間 t の間に消費されるAとBの濃度は等しいのでこれを x とすると，

$[\mathrm{A}]=[\mathrm{A}]_0-x$，$[\mathrm{B}]=[\mathrm{B}]_0-x$

となる．これを上式に代入すると，

$$\frac{\mathrm{d}x}{\mathrm{d}t}=k([\mathrm{A}]_0-x)([\mathrm{B}]_0-x)$$

i）$[\mathrm{A}]_0 \neq [\mathrm{B}]_0$ の場合，次の公式を用いると積分型反応速度式（A.6）が求まる．

$$\int\frac{\mathrm{d}x}{(a-x)(b-x)}=\frac{1}{a-b}\ln\frac{a-x}{b-x}+\text{定数}$$

$$\frac{1}{[\mathrm{A}]_0-[\mathrm{B}]_0}\ln\frac{[\mathrm{A}][\mathrm{B}]_0}{[\mathrm{B}][\mathrm{A}]_0}=kt \tag{A.6}$$

ii）$[\mathrm{A}]_0=[\mathrm{B}]_0$ の場合，常に $[\mathrm{A}]=[\mathrm{B}]$ となるので，反応物がAのみの2次反応と同じになる．

A-3-4 半減期

反応を開始してから反応物の濃度が半分になるまでの時間を**半減期**という．1次反応の速度式（A.4）において $t=t_{1/2}$ および，$[\mathrm{A}]=\frac{[\mathrm{A}]_0}{2}$ を代入すると，

$$t_{1/2}=\frac{\ln 2}{k}$$

半減期は初濃度によらず一定の値となる．これは1次反応の特徴であり，反応開始後どの時点から測定しても半減期は同じ値となる[*5]．

＊5 2次反応では，例えば式（A.5）から半減期を求めると，

$$t_{1/2}=\frac{1}{2k[\mathrm{A}]_0}$$

となり，初濃度により異なる値となる．

A-4　反応速度と温度

つぎに，**反応温度**の影響について考える．反応速度定数と温度の関係は，次に示すアレニウスの式で与えられる．素反応において，A は**頻度因子**と呼ばれる．

$$k=A\exp\left(-\frac{E_a}{RT}\right) \tag{A.7}$$

素反応 A+B ⟶ P+Q について考える．微分型反応速度式に式（A.7）を代入すると，

$$R=-\frac{\mathrm{d}[\mathrm{A}]}{\mathrm{d}t}=k[\mathrm{A}][\mathrm{B}]=A[\mathrm{A}][\mathrm{B}]\exp\left(-\frac{E_a}{RT}\right) \tag{A.8}$$

一方，衝突論から導いた式 (A.3) の Z に A-B 間の衝突回数 Z_{AB} {式 (A.2)} を代入すると，

$$R=pr_{\mathrm{AB}}^2\sqrt{\frac{8\pi RT}{\mu}}\,n_{\mathrm{A}}n_{\mathrm{B}}\exp\left(-\frac{E_a}{RT}\right) \tag{A.9}$$

式（A.8）と式（A.9）を比較すると，$\exp(-E_a/RT)$ は共通，[A][B] および $n_{\mathrm{A}}n_{\mathrm{B}}$はともに A と B の濃度の積だから，頻度因子 A は衝突に関する項（立体因子×衝突数）であることがわかる．

例題 A.1　反応温度を 50℃（T_1）から 60℃（T_2）へ 10℃上げると，反応速度は何倍速くなるか．ただし，温度以外の反応条件は等しく，活性化エネルギーは 100 kJ mol^{-1} とする．

《解答》　式（A.9）を用いて，反応温度 T_1と T_2における反応速度の比を求める．

$$\frac{R_2}{R_1}=\frac{\sqrt{T_2}}{\sqrt{T_1}}\frac{\exp\left(-\frac{E_a}{RT_2}\right)}{\exp\left(-\frac{E_a}{RT_1}\right)}=\sqrt{\frac{333}{323}}\exp\left\{\frac{100\times10^3}{8.31}\left(\frac{1}{323}-\frac{1}{333}\right)\right\}=3.11(\text{倍})$$

このとき，衝突回数の増加は

$$\frac{Z_2}{Z_1}=\frac{\sqrt{T_2}}{\sqrt{T_1}}=1.02\ (\text{倍})$$

したがって，反応速度が約 3 倍増加するのは，$\exp(-E_a/RT)$ すなわち E_a以上のエネルギーを持つ分子の割合が増加するためである．

A-5　反応速度と触媒

反応速度を支配するもう一つの因子は**触媒**である．触媒は，反応物分子と化学結合を形成することにより，無触媒の反応より低い活性化エネル

ギーを持つ新しい反応経路を作り，反応速度を上げる働きを持つ．

例題 A.2 アンモニアの合成反応において，Fe 触媒を用いると，無触媒と比べて反応速度は何倍速くなるか．ただし活性化エネルギーは 300 kJ mol^{-1}（無触媒），200 kJ mol^{-1}（Fe 触媒），反応温度は 600 K とする．

《解答》 式(A.8) で E_a以外は等しいとすると，

$$\frac{R_{\mathrm{Fe}}}{R_0}=\frac{\exp(-E_{a\mathrm{Fe}}/RT)}{\exp(-E_{a0}/RT)}=\exp\{(-200000+300000)/RT\}=5.1\times10^8$$

5 億倍になる．例えば Fe 触媒上では 1 秒で平衡に達する反応が，無触媒では約 16 年かかることになる．

触媒を用いた反応が低い活性化エネルギーを持つ原因として，触媒表面上での反応物分子の化学吸着が考えられる．図 A.4 に金属触媒表面上での以下の反応について示す．

$$2\mathrm{AB} \longrightarrow \mathrm{A_2}+\mathrm{B_2}$$

AB 分子が金属表面に吸着され，A 原子と金属原子との間に化学結合が形成される．それに伴い分子中の A−B 結合が弱くなり，隣の吸着分子中の B 原子と B−B 結合を形成する．A−B 結合が切れ，B_2分子が脱離する．その後残った A 原子同士が A_2分子として脱離する．A−B 結合の開裂が律速段階（A-6 参照）であれば，A 原子と金属原子との相互作用で A−B 結合が弱くなると，活性化エネルギーが低くなり，反応速度が高くなる[*6]．

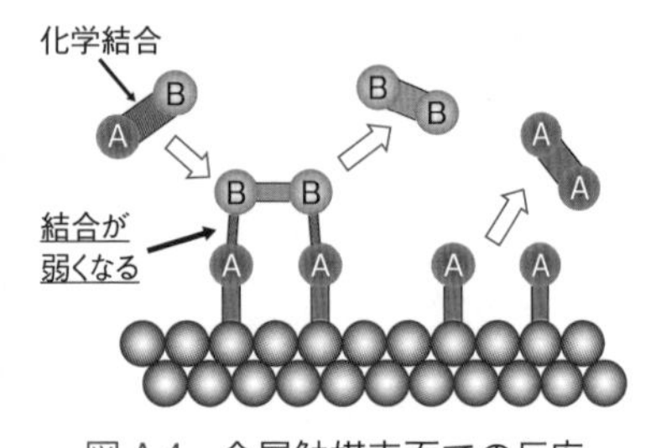

図 A.4 金属触媒表面での反応

＊6 触媒のもう一つの重要な機能は，ある特定の反応のみを加速することである．例えばエチレンと酸素の反応において，無触媒では加熱により燃焼反応が促進されて CO_2と H_2O が生成する．一方，Ag 触媒を用いると，部分酸化生成物である酸化エチレンが 80% 以上の割合で生成する．

A-6 反応機構

A-6-1 律速段階

A-3-1 で述べたように，1 つの反応式で表される反応も，ほとんどの場合いくつかの**素反応**の組み合わせで成り立っている．それらの素反応を進行順に並べて反応の様子を段階的に表したものを，**反応機構**という．例えば図 A.5 に示すように，反応式①で表される反応を素反応に分けて書き並べると，1〜4 で示される反応機構となる．通常の反応式（①）中に現れない物質（◗など）を**反応中間体**という．

反応機構の各段階のうちで最も遅い段階（素反応）のことを，**律速段階**と呼ぶ．全体の反応速度と律速段階の反応速度は等しい．したがって，全体の反応速度を上げるには律速段階の速度を上げる必要がある．例えば図 A.5 において素反応 2 が律速段階であるとき，○の初濃度を高くすると反応速度は上がるが，●の初濃度を高くしても反応速度を上げることはできない．

(反応式)
● + ○ ⟶ 2 ⬭ …①
(反応機構)
1. ● ⟶ ◖ + ◗
2. ○ ⟶ ◖ + ◗
3. ◖ + ◗ ⟶ ◐
4. ◐ ⟶ ⬭

図 A.5 反応機構の模式図

A-6-2 定常状態近似

反応機構から反応速度式を導く代表的な方法として，**定常状態近似**がある．定常状態とは，時間が経過しても反応速度が見かけ上変わらない状態を意味する．定常状態では反応中間体の濃度が一定である．すなわちある中間体に着目すると，その生成速度と消費速度が等しい．定常状態であると近似することにより，反応機構から反応速度式が求められる．その代表例として，化合物 A の熱分解で P が生成する反応に対する**リンデマン機構**を以下に示す．

（反応式）　$A \longrightarrow P$

（反応機構）　(1) $A+A \xrightarrow{k_1} A^*+A$

(2) $A^*+A \xrightarrow{k_2} A+A$

(3) $A^* \xrightarrow{k_3} P$

ここで A^* は活性化エネルギー以上のエネルギーを持つ反応中間体分子である．(1)，(2)，(3) はすべて素反応だから

$$R_1=k_1[A]^2 \qquad R_2=k_2[A][A^*] \qquad R_3=k_3[A^*]$$

定常状態では中間体 A^* の生成速度と消費速度が等しいから，

$$R_1=R_2+R_3$$

以上から，

$$[A^*]=\frac{k_1[A]^2}{k_2[A]+k_3}$$

A の分解反応の速度 R は P の生成速度 R_3 に相当するので，反応速度式は以下のように求められる．

$$R=R_3=k_3[A^*]=\frac{k_1k_3[A]^2}{k_2[A]+k_3}$$

(ｉ) A の濃度が高いとき（例えば反応初期）には，$k_2[A] \gg k_3$ なので

$$R=\frac{k_1k_3[A]^2}{k_2[A]}=\frac{k_1k_3}{k_2}[A]$$

1 次反応となるので，素反応 (3) が律速段階と考えられる．

(ii) A の濃度が低いときには，$k_2[A] \ll k_3$ なので

$$R=\frac{k_1k_3[A]^2}{k_3}=k_1[A]^2$$

2 次反応となり，素反応 (1) が律速段階と考えられる．

章末問題の解答

第1章

[1.1]　(1)　経路 C_1：O→A では $y=0$, $\mathrm{d}y=0$, A→B では $x=1$, $\mathrm{d}x=0$ である．

$$\int_{C1}\mathrm{d}z=\int_{C1}2xy\mathrm{d}x+x^2\mathrm{d}y=\int_0^1 2x\times 0\mathrm{d}x+\int_0^1 1^2\mathrm{d}y=1$$

経路 C_2：$x=y$ とおくと $\mathrm{d}x=\mathrm{d}y$ である．

$$\int_{C2}\mathrm{d}z=\int_{C1}2xy\mathrm{d}x+x^2\mathrm{d}y=\int_0^1 2x^2\mathrm{d}x+\int_0^1 x^2\mathrm{d}x=1$$

(2)　全微分の定義から $\mathrm{d}z=2xy\mathrm{d}x+x^2\mathrm{d}y$. このことから，前問で現れた $\mathrm{d}z$ は状態量であることがわかる．よってその線積分は経路の形によらず，z の終点と始点の差で決定される．したがって

$$\int_{C1}\mathrm{d}z=\int_{C2}\mathrm{d}z=z(\mathrm{B})-z(0)=1$$

[1.2]　これは確認のための問題である．途中の経路によらないのは②と④である．

[1.3]　①　線積分の定義から，これは閉曲線 C の外周の長さである．よって 2π

②　①と同様に，答えはアステロイドの外周の長さになる．

$$\mathrm{d}s=\sqrt{\left(\frac{\mathrm{d}x}{\mathrm{d}\theta}\right)^2+\left(\frac{\mathrm{d}y}{\mathrm{d}\theta}\right)^2}\,\mathrm{d}\theta,\ x=\cos^3\theta,\ y=\sin^3\theta,$$

であることを用いて

$$\int_C\mathrm{d}s=4\int_0^{\pi/2}\sqrt{\left(\frac{\mathrm{d}x}{\mathrm{d}\theta}\right)^2+\left(\frac{\mathrm{d}y}{\mathrm{d}\theta}\right)^2}\,\mathrm{d}\theta=6$$

③　[1.1] から，$\mathrm{d}s=2xy\mathrm{d}x+x^2\mathrm{d}y$ のある決まった2点間の線積分は経路によらない．よって閉曲線に沿った積分はゼロである．

第2章

[2.1]　3経路とも始状態と終状態の温度は等しく，内部エネルギーの変化はない．したがって吸収した熱量は，系が外界にした仕事に等しい．

よって経路1では，例題1の結果を用いて

$$Q=w=nRT\ln\frac{V_2}{V_1}$$

経路2では，$Q=w=P_2(V_2-V_1)=nRT\left\{1-\dfrac{V_1}{V_2}\right\}$

経路3では，$Q=w=P_1(V_2-V_1)=nRT\left\{\dfrac{V_2}{V_1}-1\right\}$

[2.2]　式 (1.6) のファンデルワールス方程式を変形すると，1 mol の場合は

$P=\dfrac{RT}{V-b}-\dfrac{a}{V^2}$ となる．これを積分して仕事を計算すると

$$w=\int_{V_1}^{V_2}p\mathrm{d}V=\int_{V_1}^{V_2}\left\{\frac{RT}{V-b}-\frac{a}{V^2}\right\}\mathrm{d}V=RT\ln\frac{V_2-b}{V_1-b}+\frac{a}{V_2}-\frac{a}{V_1}$$

[2.3]　理想気体の状態方程式を体積一定の条件で偏微分すると $\left(\dfrac{\partial P}{\partial T}\right)_V=\dfrac{nR}{V}$ である．これをエネルギー方程式に代入すると直ちに $\left(\dfrac{\partial P}{\partial T}\right)_V=0$ が得られる．

ファンデルワールス気体の場合も，状態方程式を解いて得られる圧力を温度で偏微分すれば $\left(\dfrac{\partial P}{\partial T}\right)_V=\dfrac{nR}{V-nb}$ となり，エネルギー方程式に代入すると $\left(\dfrac{\partial U}{\partial V}\right)_T=\dfrac{nRT}{V-nb}\ -P=\dfrac{an^2}{V^2}$ が得られる．理想気体と異なり，a で表される分子間の相互作用の存在により，内部エネルギーは体積に依存する．また系の粒子数密度が減少すれば，ファンデルワールス気体は理想気体に近づき，内部エネルギーの体積依存性はなくなることに注意する．

第3章

[3.1]　蒸発熱の定義により，気化にともなうエン

タルピー変化は蒸発熱に等しい．
よって$\Delta H=41.0\,\mathrm{kJ}$
このとき内部エネルギーの変化は$\Delta U=\Delta H-\Delta(PV)$であるが，水の体積は無視できるので，$\Delta(PV)$は気体の体積と圧力を使って計算できる．
気相の$P\times V=RT=8.31\times373=3.10\,\mathrm{J}$なので，$\Delta U=37.9\,\mathrm{kJ}$
[3.2]　まず変化後の温度T_2を求める．ポアソンの式から$TV_1^{\gamma-1}=T_2V_2^{\gamma-1}$　したがって
$T_2=T(V_1/V_2)^{\gamma-1}$　となる．以上より，
$\Delta U=C_v(T_2-T)=C_v[(V_1/V_2)^{\gamma-1}-1]T$
$\Delta H=\Delta U+\Delta(PV)=\Delta U+R(T_2-T)$
$=C_P[(V_1/V_2)^{\gamma-1}-1]T$
[3.3]　この問題は与えられた条件だけでは解くことはできない．（準静変化とは書いておらず，どのような断熱変化をしたかによって終状態の温度は異なる．）読者の中にこの答えをポアソンの式から$300\times2^{\gamma-1}\mathrm{K}$とした人はいないだろうか？　ポアソンの式が成立するためには断熱変化であることに加えて準静変化であることが必要である．この式を導出するにあたって変化の過程が準静変化でなくてはならなかった理由をもう一度チェックしてほしい．

第4章

[4.1]　**(i) トムソンの表現→クラウジウスの表現**
　クラウジウスの表現が偽であると仮定すると，外界に変化を起こさずに熱を低温熱源からQの熱を奪い，それを高温熱源に移すことができる．その後，高温熱源からQ'の熱を得て外界に仕事wを行い，低温熱源にQの熱を捨てるようなカルノーサイクルを運転させる．すると，高温熱源は
$Q'-Q(=w>0)$の熱が減少し，外界にwの仕事をしているにもかかわらず，低温熱源は元の状態に戻っている．これはトムソンの表現に反する．
(ii) クラウジウスの表現→トムソンの表現
　トムソンの表現が偽であると仮定すると，ある熱源RからQの熱を奪い，それをすべて仕事wに変えることができる．その後，得られた仕事wを用いて，そのRを低温熱源とする逆カルノーサイクルを運転する．これにより，RからQ'の熱を奪い，別の高温熱源にQ''の熱を捨てる．両サイクルが終了したときに全体を見てみると，低温熱源Rは$Q+Q'$の熱が奪われ，高温熱源にQ''の熱が移動し外界は元の状態に戻っている．これはクラウジウスの表現に反する．
[4.2]　どちらの経路も，断熱過程では熱の吸収はなく，等温過程でのみ熱の吸収があることに注意して，

経路C_1で吸収した熱量$=\int_{C1}\mathrm{d}q=\int_{V_1}^{V_2}p\,\mathrm{d}V=nRT_1\log\dfrac{V_2}{V_1}$

$$\int_{C1}\frac{\mathrm{d}q}{T}=\int_{V_1}^{V_2}\frac{p\mathrm{d}V}{T}=nR\log\frac{V_2}{V_1}$$

経路C_2で吸収した熱量$=\int_{C2}\mathrm{d}q=\int_{V_4}^{V_3}\mathrm{d}w=nRT_2\log\dfrac{V_3}{V_4}=nRT_2\log\dfrac{V_2}{V_1}$　〔∵ (4. 16)〕

$\displaystyle\int_{C2}\mathrm{d}q=\int_{V_4}^{V_3}\frac{p\mathrm{d}V}{T}=nR\log\frac{V_3}{V_4}=nR\log\frac{V_2}{V_1}$　これから$\displaystyle\int_{C2}\frac{\mathrm{d}q}{T}=\int_{C1}\frac{\mathrm{d}q}{T}$であることがわかる．

[4.3]　1. 熱が入るのは過程1→2（$q_{12}=RT_H\ln(V_1/V_0)$），過程2→3：$q_{23}=C_v(T_H-T_L)$である．
2. 等積変化では仕事量はゼロであり，外界への仕事は等温変化の過程でのみなされる．カルノーサイクルの計算で行ったときと同様に，熱機関は過程1→2で外界に仕事をし，過程3→4では外から仕事をされることに注意して，

仕事$W=R(T_H-T_L)\ln\left(\dfrac{V_1}{V_0}\right)$

3.

$$e=\frac{W}{q_{12}+q_{23}}=\frac{R(T_H-T_L)\ln\left(\frac{V_1}{V_0}\right)}{RT_H\ln\left(\frac{V_1}{V_0}\right)+C_V(T_H-T_L)}$$

$$=\frac{e_c}{1+\dfrac{C_V}{R\ln\left(\frac{V_1}{V_0}\right)}e_c}$$
この熱機関では，等積変化の

過程が不可逆変化であるので，その効率 e はカルノーサイクルの効率 e_c より小さくなることに注意する．

第5章

[5.1]　エントロピーは状態量であるので，変化の過程によらない．そこで $(V_0, T_0) \to (V, T_0) \to (V, T)$ という経路(準静変化)に沿ってエントロピーを計算しよう．最初の経路ではエントロピー計算1の結果が使えて $\Delta S_1 = R\ln V/V_0$ となる．2番目の経路では $\Delta S_2 = \int_{T_0}^{T} \frac{C_V}{T} dT = C_V \ln T/T_0$ となる．両者を合わせてトータルのエントロピー変化は

$\Delta S_1 + \Delta S_2 = R\ln V/V_0 + C_V \ln T/T_0$

[5.2]　これは確認のための問題である．エントロピーは状態量であるので，始点と終点のみで決まり途中の変化の仕方によらない．よって [5.1] と答えは同じである．

[5.3]　エントロピーはその定義からエネルギーを温度で割った次元を持っている．したがって熱容量の次元に等しい．気体定数の次元は，状態方程式の形からエネルギーを温度と物質量で割った次元を持つ．よってモル比熱の次元に等しい．

第6章

[6.1]　熱力学の基本式とは $dU = TdS - PdV$ である．この両辺を温度一定の条件で dV で割ると

$$\left(\frac{\partial U}{\partial V}\right)_T = T\left(\frac{\partial S}{\partial V}\right)_T - P$$

右辺第1項にマクスウェルの関係式式 (6.18) を用いることにより，式 (6.46) が証明できる．

[6.2]　G/T を圧力一定の条件で T で偏微分すると

$$\frac{\partial}{\partial T}\left(\frac{G}{T}\right)_P = -\frac{G}{T^2} + \frac{1}{T}\left(\frac{\partial G}{\partial T}\right)_P$$

ここで式 (6.16) を用いて

$$= -\frac{G}{T^2} - \frac{S}{T} = -\frac{H}{T^2}$$

[6.3]　温度一定で圧力が変化した場合のエントロピー変化を求めればよい．

$$S_1(T, P_1, n_1) - S_1(T, P, n_1) = -n_1 R\ln\frac{P_1}{P}$$

$$= -n_1 R\ln x_1$$

同様に

$$S_2(T, P_1, n_1) - S_2(T, P, n_1) = -n_2 R\ln x_2$$

$$\therefore\ S(T, P, n_1, n_2) = S_1(T, P_1, n_1) + S_2(T, P_2, n_2)$$

$$= S_1(T, P, n_1) + S_2(T, P, n_2) - R\,[n_1\ln x_1 + n_2 \ln x_2]$$

第7章

[7.1]　平衡定数はあくまで平衡状態において意味のある量なので，非平衡状態でその概念を適用してはいけない．A君の実験では，まだ反応が収束しておらず平衡状態になっていないと考えられるので，何らかの方法を用いてまず反応を進行させ，平衡状態を達成してから平衡定数を測定する必要がある．

[7.2]　アンモニアの生成は発熱反応 ($\Delta H < 0$) であるので，式 (7.26) または (7.27) より平衡定数は減少する．よって反応は左辺の原系側に進行する．

[7.3]　B君「定温定圧では，理想気体のエントロピーはほぼ分子の数で決定されるので，アンモニアが生成する反応は全体のエントロピーが減少する(エントロピー的に不利な) 反応だ．そのうえ，この反応がもし吸熱反応でエンタルピー的にも不利であったなら，アンモニアはこの反応からは合成できないだろう．アンモニアがこの反応から合成されているんだとしたら，発熱反応でなかったらおかしいと思ったんだ．」

索　引

著　者
沖本 洋一　東京科学大学理学院化学系 准教授
小松 隆之　東京工業大学 名誉教授

本書のご感想を
お寄せください

理工系学生のための基礎化学【化学熱力学編】

2023年 9月30日　第1版 第1刷 発行
2024年10月 1日　第1版 第2刷 発行

検印廃止

著　　者　沖本 洋一・小松 隆之
発 行 者　曽根 良介
編集担当　佐久間純子
発 行 所　㈱化学同人

〒600-8074　京都市下京区仏光寺通柳馬場西入ル
編 集 部　TEL 075-352-3711　FAX 075-352-0371
企画販売部　TEL 075-352-3373　FAX 075-351-8301
振　替　01010-7-5702
e-mail　webmaster@kagakudojin.co.jp
URL　https://www.kagakudojin.co.jp

印刷・製本　三報社印刷㈱

ISBN978-4-7598-1128-5